水力压裂
增加储层改造体积
人工控制方法的
数值模拟研究

李建雄 编著

四川大学出版社
SICHUAN UNIVERSITY PRESS

图书在版编目（CIP）数据

水力压裂增加储层改造体积人工控制方法的数值模拟
研究 / 李建雄编著. -- 成都：四川大学出版社，2025.
6. -- ISBN 978-7-5690-7874-9

Ⅰ. TE357

中国国家版本馆 CIP 数据核字第 2025CV9720 号

书　　名：水力压裂增加储层改造体积人工控制方法的数值模拟研究
　　　　　Shuili Yalie Zengjia Chuceng Gaizao Tiji Rengong Kongzhi
　　　　　Fangfa de Shuzhi Moni Yanjiu
编　著：李建雄

选题策划：王　睿
责任编辑：王　睿
特约编辑：孙　丽
责任校对：蒋　玙
装帧设计：开动传媒
责任印制：李金兰

出版发行：四川大学出版社有限责任公司
　　　　　地址：成都市一环路南一段 24 号（610065）
　　　　　电话：（028）85408311（发行部）、85400276（总编室）
　　　　　电子邮箱：scupress@vip.163.com
　　　　　网址：https://press.scu.edu.cn
印前制作：湖北开动传媒科技有限公司
印刷装订：武汉乐生印刷有限公司

成品尺寸：145 mm×210 mm
印　　张：8
字　　数：220 千字

版　　次：2025 年 6 月 第 1 版
印　　次：2025 年 6 月 第 1 次印刷
定　　价：69.00 元

本社图书如有印装质量问题，请联系发行部调换

四川大学出版社
微信公众号

前　言

能源是世界经济发展的基石，而石油天然气资源在其中有着举足轻重的地位。在当今社会，中国作为世界第二大经济体，对石油天然气资源的依赖程度极高，石油天然气资源的稳定供应与高效开发对于维持中国经济的高速发展至关重要。随着中国"十四五"规划的推进，增加油气勘探开采储量成为经济发展的关键任务。然而，石油天然气作为不可再生能源，常规油气资源的勘探开发已难以满足当代经济发展的迫切需求。在此背景下，传统常规储层的二次开发和非常规油气资源的勘探开发成为油气领域的重要研究方向和增产的关键途径。在油气开发过程中，增加储层改造体积已成为评价开发效果的核心指标。经过半个多世纪的发展，水力压裂技术作为增加储层改造体积的核心技术，在现场实践中得到了广泛应用。但由于水力压裂是一个复杂的多场耦合力学问题，深入了解压裂过程中储层的渗流场、应力场以及裂缝扩展过程，对于优化现场压裂方案设计具有不可或缺的指导意义。

常规储层水力压裂通常在水平最大主应力方向产生双翼对称裂缝，这种单一形态的裂缝仅对高渗透率的储层效果显著。对于低渗透率或处于开发中后期的储层，往往需要多次水力压裂才能实现有效的经济开采，而此种压裂方式下后续裂缝的扩展方向不再单一，常规水力压裂模型难以准确预测该压裂方式下的裂缝扩展模式，导致压裂评价的准确性下降，无法进行更精准的方案设计。对于非常规油气储层，如致密油气、页岩油气等，其物性

1

差、渗透率低，且天然裂缝大规模随机分布，非均质性极强，常规压裂手段难以达到经济开采的要求。近年来，随着水平井完井技术的不断进步，非常规油气资源的开发成为可能，但在这种储层中，水力裂缝与大量非连续结构相互作用，形成复杂的裂缝网络系统，不同条件下其作用机理和裂缝网络形态差异较大，因此，研究非常规储层条件下缝网形成规律并建立准确的预测模型，对于压裂缝网设计至关重要。目前，在利用水力压裂人工控制方法进行储层压裂改造时，虽然致力于产生多条有效裂缝或复杂缝网，但多缝间的强诱导应力常常导致水力压裂造缝效率降低，且现阶段对于多缝扩展及缝网形成的流-固耦合作用机理尚未形成清晰的认识和全面的总结，对干扰应力影响的研究也相对简单。

鉴于此，本书以增加储层改造体积为出发点，针对不同储层和不同人工控制方法下水力裂缝扩展过程展开了一系列深入研究，系统探究了水力压裂复杂裂缝体系的形成规律和影响因素。本书是四川省自然科学基金项目"深层页岩储层压裂改造缝网形成机理研究"（NO.2021YJ0357）的研究成果，共七章内容。第1章主要介绍了水力压裂在各类储层中应用的研究背景，阐明研究理论及现实意义，对水力压裂裂缝扩展的理论研究、数值模拟研究、实验研究方法进行了梳理及比较，确定了本书中所选数值计算方法的优势。第2章介绍了本书所采用数值模拟方法的理论基础，阐明了裂缝扩展数值模拟理论及在有限元框架内的计算过程。第3~6章通过使用扩展有限元相关理论方法，建立了二维直井重复压裂裂缝扩展流-固耦合模型，并进行了室内真三轴水力压裂物模实验验证；在扩展有限元框架内，建立了不同压裂方案下三维水平井分段压裂数值模型，研究了不同完井方案下多段多簇裂缝竞争扩展形态，明确了强干扰应力下复杂缝网扩展机制；在有限元及黏聚力模型的基础上，使用黏聚力单元建立了天然裂缝发育储层中水平井多段压裂缝网扩展模型，实现了非均质天然裂缝性储层复杂缝网扩展的模拟；基于上述模型，发展了考虑压裂液动态分配的射孔单元，联立全局插入的黏聚力水力压裂模型对水平井暂堵压裂缝网扩展规律进行了分析。第7章总结了全书的研究内容，所得不同水力压裂人工控制方法的数值模拟结果，能够为现场压裂实践提供有效指导，最大限度地增加储层改造体积，推动油气资源开发的高效进行，具有重要的理论和实践意义。希望本书能够为油气领域的科研人员、工程师以及相关从业者提供有价值的参考和借鉴，共同促进油气资源开发技术的进步与发展。

本书在撰写过程中，获得了四川大学董世明教授，中国石油大学曲占庆教授、郭天魁教授，山东科技大学张伟副教授，西安石油大学龚迪光副教授，西昌学院朱占元教授、华文副教授的指导与帮助，他们对本书提出了宝贵的修改意见，在此表示衷心的感谢。

由于编著者水平有限，本书中不成熟之处在所难免，恳请读者批评指正，并提出宝贵意见。

李建雄

2025 年 1 月 8 日

目　　录

第1章 绪 论

1.1 研究的目的和意义

能源是一个国家经济发展的基础，随着社会经济的快速发展，国家对石油天然气资源的需求量不断上升，供需矛盾日益突出，石油需求对外依存度极高[1]。而我国经过半个多世纪的勘探开发工作，石油天然气资源量明显减少，因此，老油田二次开发及非常规油气资源成为当前勘探开发的重点领域[2]。能否增加储层改造体积成为油气资源开发的关键，也是储层改造技术是否达到生产要求的重要评判标准。经过半个多世纪的发展，油气勘探及完井技术有了质的提升，水力压裂技术作为增加储层改造体积的关键技术已经大规模应用于实践，适用于不同储层条件和不同开发时期的油气开采。因此，水力压裂技术已成为现代油气开发中不可或缺的关键技术，其在提高油气采收率方面发挥着重要作用，但随着油气资源向深层、低渗、非常规等领域扩展，水力压裂的复杂性和挑战性日益增加。特别是在进行大规模储层体积改造时，储层的非均质性、已压裂裂缝产生的干扰应力、天然裂缝的存在及多裂缝的同时扩展严重影响了水力压裂增加储层改造体积的效果，致使常规水力压裂手段无法达到实际生产要求。因此，进一步研究储层改造体积过程中水力裂缝扩展及裂缝网络形成规律，对水力压裂现场实践具有重要指导意义。

水力压裂是通过泵注高压流体（压裂液）进入地层，在井底形成高压，当井底压力高于地层破裂压力后，岩石断裂产生裂缝，随后注入支撑剂维持裂缝开启状态，形成高导流能力的油气运移通道，从而达到提高储层油气开采效率的目的。回顾水力压裂技术的发展历程，对裂缝扩展的研究是水力压裂技术研究的核心步骤，其经历了从最简单的直裂缝研究到现在复杂裂缝网络研究的演变。因受地层岩性、地应力状态、天然裂缝和断层等因素的影响，裂缝呈现形态复杂多变、扩展路径难以预测等特点。

在我国，低渗透油气田的开发在投产前往往需要先进行水力压裂，但因地质条件及开发过程中油田老化，在初次压裂的井的压裂裂缝中，流体的流动效率会变差，油井产量会明显降低[3,4]。为了延续压裂效果，油田开发后期往往采用重复压裂技术来增加储层的改造体积。重复压裂，是指对已经压裂油井进行一次以上的压裂改造，以达到重新激活已压裂裂缝或打开新裂缝的效果。在此工况下，初次人工裂缝的存在使得原始地应力场及近井筒端地应力分布方式发生明显改变，靠近初次人工裂缝的原始地应力场的大小和方向也随之发生改变，致使后续压裂裂缝扩展路径和裂缝形态变得难以预测。因此，进一步研究重复压裂过程中水力压裂裂缝扩展机制及其影响因素对优化裂缝扩展路径、增加储层改造体积具有十分重要的意义。

非常规油气资源（致密油气、页岩油、页岩气）在我国能源供给中占据非常重要的地位。而我国非常规油气储层存在储层物性差、地层能量低、埋深大、开采经济效益差等特点，需要进行大规模的水力压裂才能达到经济开采水平[5,6]。非常规油气储层（如页岩油气储层）非均质性往往极强，存在大量随机分布的不连续天然裂缝和弱胶结，致使水力压裂过程中人工裂缝扩展规律极其复杂。另外，多条水力压裂裂缝同时扩展也会极大影响水力压裂缝网形成效率[7,8]。因此，对存在大规模天然裂缝的非常规油气储层水力压裂裂缝扩展及缝网形成机制的研究，是增加储层改造体积、提高油气产量的核心。

　　目前，对于油田改造及非常规储层水力压裂过程中复杂缝网的形成及流 - 固耦合作用过程尚未有明确的认识和总结，而在大量天然裂缝及多缝扩展中研究应力干扰相互作用机理较为简单。因此，本书以增加储层改造体积为出发点，综合考虑水力压裂裂缝缝间应力干扰，天然裂缝与水力压裂裂缝间相互作用关系，流体渗流及缝内流动规律，岩石结构变形等水力压裂中的重要因素，研究水力压裂裂缝网络的形成机理及扩展规律，为重复压裂及非常规储层水力压裂的现场方案设计提供完整的理论依据及技术指导。

1.2　国内外研究现状

　　水力压裂技术从 20 世纪中叶至今已经在石油工业中得到了广泛的应用，特别是由于油田二次压裂及非常规油气的开发，水力压裂技术得到了长足的发展。如图 1-1 所示，水力压裂技术实际就是通过地面高压泵组，将不同黏度的压裂液注入储层，在井底形成高压使岩石破裂，产生一条或多条具有较高导流能力的人工裂缝，从而沟通未动用储层，降低井底流动阻力，提高油气产量。而水力压裂过程是一个复杂的多场耦合问题，涉及应力场、流 - 固之间的相互作用，其中裂缝扩展过程又涉及复杂的断裂力学及损伤力学理论。常规的水力压裂技术往往只在储层中产生一对简单的平面对称缝，这很难满足油田二次开发及非常规储层的经济开采要求。因此，储层改造体积的概念被提出来，并以人工裂缝复杂程度为评判标准，最大限度地增加储层改造体积，沟通未动用油气资源。目前，研究水力压裂裂缝（简称水力裂缝）扩展的方法主要包括水力压裂实验、水力压裂数值模拟和现场开采中微地震监测技术。

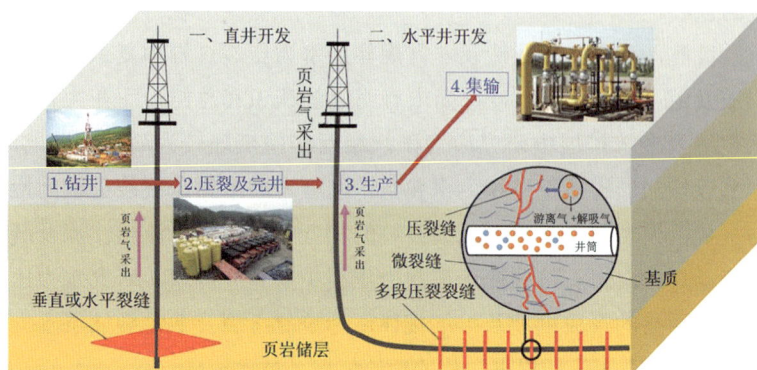

图1-1　水力压裂方案示意图

1.2.1　水力压裂实验研究

目前，水力压裂技术已广泛应用于油气储层中（特别是非常规油气储层）以增加储层渗透率，从而提高油气产量。1940 年以来，美国已经有上百万口井实施了水力压裂增产措施，特别是页岩储层体积压裂技术的发展，使美国油气产量飞速增长，从全球最大的原油进口国家成为原油出口国家。随着水平井完井技术的突破，我国水力压裂的技术发展也取得了巨大突破。近年来，国内外专家对水力压裂裂缝扩展做了大量的现场及室内实验研究。通常认为，水力裂缝的主裂缝扩展方向总是沿着水平最大主应力方向，但如果在扩展路径上存在天然裂缝、层理面、缺陷、节理和断层，则主裂缝的扩展方向将会发生改变，裂缝形态也趋于复杂。当然，天然裂缝的存在有利于构建复杂裂缝网络系统，引导沟通更大的储层面积，从而增加储层改造体积。但水力裂缝与天然裂缝的相互作用机制仍然受到原始地应力、储层地质参数、岩石物理力学性质、压裂施工参数等因素的影响。采用水平井多段分簇压裂时，多裂缝簇的主裂缝间的应力干扰也会极大地改变裂缝扩展路径及其几何形态，水力裂缝与天然裂缝间的相互作用模式也深受影响，受影响程度基本取决于主裂缝间应力状态的改变情况。总的来说，水力裂缝的扩展形态受多种因素的影响，特别是在重复压裂和非常规油气储层的开发中，原始应力及压裂过程中应力场的改变、油藏孔隙压力的变化、缝间干扰应力的产生都会使裂缝呈现复杂的非平面扩展。

水力压裂裂缝扩展是一个复杂裂缝多场耦合问题，主要涉及流体力学及岩石断裂力学。整个水力压裂过程如下：（1）压裂开始时，将高压高黏度压裂液注入井底，在井底形成高压，当井底注入压力超过岩石抗拉强度时，岩石断裂，裂缝起裂，此时的井底注入压力称为裂缝起裂压力；（2）在裂缝起裂后，井底注入压力开始极速下降，达到一个稳定值时裂缝开始稳定扩展，此时的井底注入压力称为裂缝扩展压力；（3）压裂结束后，压裂液和支撑剂开始反排，裂缝停止扩展且开始闭合，裂缝最终和支撑剂形成一个稳定状态，人工导流通道形成，井底注入压力下降到一个较低值。因此，为研究单一参数对水力裂缝扩展形态的影响，哈里伯顿等国外研究机构开展了射孔方位对水力裂缝扩展形态影响的物模实验研究，结果表明原始地应力分布状态、压裂液泵注方案、岩石物性参数都严重影响了水力裂缝扩展形态[9]。Bruno 和 Nakagawa[10]通过实验和理论研究发现单一水力裂缝扩展受到孔隙压力的影响，裂缝总是趋于转向局部孔隙压力较高的区域，而储层的孔隙弹性往往决定着裂缝扩展的重定向区域。在多裂缝扩展时，水力裂缝内具有较高的缝内压力，压裂液通过裂缝面渗流进入岩石，导致靠近裂缝面的区域的孔隙压力急剧升高。另外，缝间孔隙压力的干扰对裂缝扩展路径及形态也产生了很大影响。Athavale 和 Miskimins[11]设计了一个对简单平面裂缝和非平面复杂缝网形成条件进行验证的实验。实验表明，均质储层中往往容易形成简单平面裂缝，而存在剪切断面及天然裂缝的实验构型中往往容易形成复杂缝网。相关实验也表明，水力裂缝的扩展与储层性质息息相关，不同储层物性参数决定着储层改造体积的大小和人工控制方法的选用。如图 1-2 所示，陈勉等人[12]采用真三轴水力压裂系统模拟了不同地应力分布下裂缝扩展状况。实验表明，对于水力裂缝来说，原始三向主应力的相对大小决定着裂缝延伸的方向，而水平最小主应力的分布影响着水力裂缝的几何形态。但是，当储层存在多条裂缝扩展及前期压裂裂缝扩展时，原始地应力的大小和方向会发生明显改变，致使水力裂缝不按照原始最大主应力方向扩展，而呈现复杂扩展模式。同时，完井参数不同，裂缝扩展方向也会不同。Van de Ketterij 和 de Pater[13]使用室内物模实验研究了完井参数对近井筒地带水力裂缝扩展的影响。实验发现由于射孔的存在，水力裂缝在近井筒地带发生极度扭曲，特别是当射孔方位偏离水平最大主应力方向时。总的来说，水力压裂过程中单裂缝扩展路径主要沿水平最大主应力方向，裂缝扩展形态主要受储层原始应力参数及压裂施工参数控制，裂缝扩展形态相对简单，在现场压裂过程中，往往会形成简单的对称双翼裂缝。

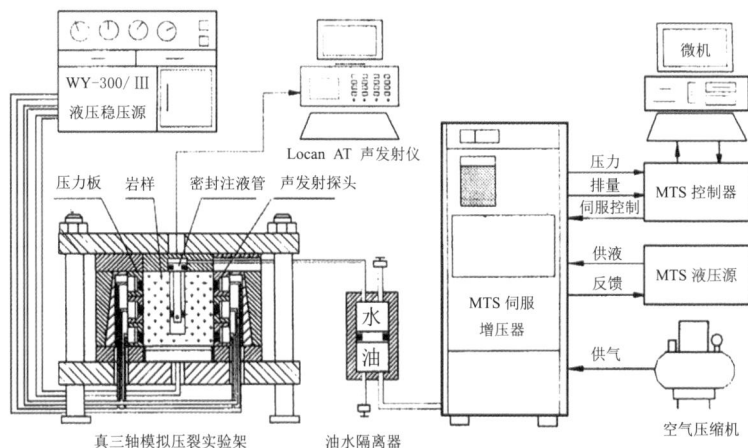

图1-2　模拟压裂实验流程图

随着非常规油气资源及老油田重复压裂的开发应用，水力压裂过程中的水力裂缝不再是单一的对称双翼裂缝，而是向任意方向扩展，趋于形成复杂缝网。当存在初始人工裂缝，同时需要进行二次压裂时，初始人工裂缝会明显改变原始储层中的地应力条件，使二次压裂水力裂缝扩展形态更加曲折。1987 年，美国在多口压裂井实验中发现，邻近井裂缝会改变原始地应力条件，使二次裂缝不再是简单的对称双翼裂缝。而传统的重复压裂二次裂缝扩展理论是在岩石拉伸破坏的基础上建立的，这种理论通常认为，随着油气产出，裂缝边界的应力会明显下降。Elbel 和 Mack[14] 通过实验研究表明，这种应力下降值在平行于裂缝方向要大于垂直于裂缝方向，同时这种应力条件的改变甚至会导致局部应力方向的反转。Wright 等人 [15] 发现重复压裂二次裂缝在直井中的起裂位置往往与初始裂缝存在一定的倾角，而这个角度往往在 30°~40° 之间。基于两口老井的重复压裂实验研究，Siebrits 等人 [9] 认为二次裂缝在垂直于初始裂缝方向上起裂，在近井口端形成一条垂直于初始裂缝的新的水力裂缝。

卜向前等人 [16] 综合考虑了水平地应力条件，采用大尺寸真三轴岩石测试系统模拟了重复压裂过程裂缝的形成及扩展过程，实验过程表明初始裂缝会在重复压裂过程中重新张开，且以剪切破坏为主，而当水平地应力发生改变时，不一定会产生新裂缝。重复压裂的一个难点就是产生新裂缝，而现场实践中往往只是打开初始裂缝，仅在原有裂缝的基础上对裂缝进行改造。为了解决这一问题，Zhao 等人 [17] 采取了低温冷冻压裂实验来研究重复压裂缝网的产生机制。实验结果表明，低温冷冻造成的较大温度梯度在初始裂缝表面产生了大量的微裂纹，在实验中能够观察到较大体积的重复压裂缝网。Zhang 等人 [18] 在此前室内压裂基础上重新设计了大尺寸真三轴重复压裂实验，结果表明，二次裂缝并非垂直于初始裂缝，而是与初始裂缝方向成 70°~90° 起裂，不同压裂过程还会导致初始裂缝打开并发生转向（图 1-3）。此外，小排量压裂会降低二次裂缝的长度并迫使初始裂缝发生偏转。

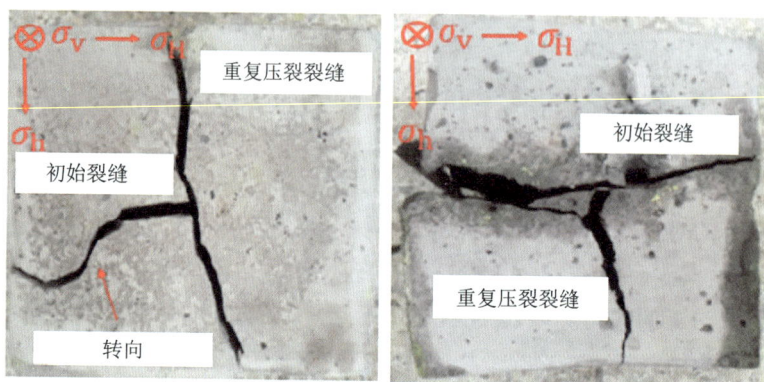

图1-3　重复压裂裂缝实验结果图

水力压裂技术的发展与完善，使页岩油气、致密油气等非常规储层的开发成为可能。而此类储层的非均质性往往极强，且存在大量随机分布的天然裂缝，使得水力裂缝扩展不再是简单的平面裂缝，而是沿着天然裂缝或者弱胶结面随机扩展的复杂缝网，其形成机理复杂，形态难以预测。但复杂缝网的形成在实际生产中有利于提高储层产量，增加储层改造体积。然而由于复杂的力学扩展机理，复杂缝网的形成条件及影响因素仍需要进一步研究。

Lamont 和 Jessen[19] 使用露头岩心开展了拥有预制裂缝岩心的水力压裂物模实验，通过改变预制裂缝的宽度和倾角实现了水力裂缝与天然裂缝间相互作用的模拟。研究表明，水力裂缝与预制裂缝间的相互作用关系完全符合格里菲斯（Griffith）理论，其中预制裂缝的宽度和倾角不会改变水力裂缝的扩展及延伸方向。但其实验结果与后续 Teufel、Zhou 等人实验结果存在较大的差异，通过对比结果分析，其主要原因是 Lamont 和 Jessen 的实验中采用了较大的压裂液注入速率，而大速率注入会导致水力裂缝缝内压力升高，进而导致水力裂缝穿透天然裂缝的可能性增加。根据裂缝扩展的能量准则，当压裂液注入速率增加，裂缝宽度及应力强度因子也会显著增加，水力裂缝穿透天然裂缝的现象也会更加明显。此外，储层应力状态及天然裂缝方位角（天然裂缝与水平最大主应力方向的夹角）也会明显改变水力裂缝与天然裂缝的相互作用模式，当水平应力差及天然裂缝方位角较小时，水力裂缝极易被天然裂缝捕获，并沿天然裂缝小方位角方向打开天然裂缝。相反，当水平应力差及天然裂缝方位角较大时，水力裂缝倾向于穿透天然裂缝，并沿水平最大主应力方向扩展。基于此，国内外学者采用真三轴水力压裂物模实验对水力裂缝与天然裂缝间的相互作用模式展开了研究，并将其相互作用模式总结为以下三种类型：(1)诱导水力裂缝穿过天然裂缝；(2)通过打开和扩大天然裂缝而停止扩展；(3)被已存在裂缝的剪切滑移阻止，而没有扩张（从已存在裂缝的尖端或薄弱点转移）。

Daneshy[20]用物模实验证明了天然裂缝的胶结强度、天然裂缝倾角（天然裂缝与水平最小主应力方向的夹角）及水平应力差对水力裂缝在天然裂缝发育储层中缝网扩展形态影响的重要性。结果表明，天然裂缝倾角、水平应力差及天然裂缝胶结强度对水力裂缝与天然裂缝的相互作用模式影响明显，在高水平应力差、小天然裂缝倾角及高摩擦系数下，水力裂缝倾向于穿过天然裂缝。此外，水力压裂施工参数如压裂液注入速率、黏度及压裂施工时间也会明显影响水力裂缝和天然裂缝的相互作用模式。当使用高黏度和高速率压裂液注入方案时，高井口注入压力会促使水力裂缝穿透天然裂缝，形成简单的平面裂缝，这将不利于复杂缝网构建。当使用低黏度及低速率压裂液注入方案时，水力裂缝能更多地沟通天然裂缝，构建复杂裂缝网络系统，最大限度地增加储层改造体积。此种压裂液注入方案虽然能有效沟通天然裂缝，但只能在近井筒地带形成复杂缝网，无法进入地层深部，因此工程实践及室内实验均建议在压裂施工方案中，根据不同压裂施工时间选择变速率、变黏度压裂。Blanton[21]采用真三轴应力物模实验研究了在具有天然裂缝的页岩和石膏中水力裂缝与天然裂缝的相互作用方式，结果表明，水力裂缝仅仅在高水平应力差及大逼近角（天然裂缝与水力裂缝的夹角）下才会穿过天然裂缝，在大多数实验中水力裂缝仅仅是沿着天然裂缝扩展或被天然裂缝捕获。Warpinski 和 Teufel[22] 考虑储层地质的非连续性（胶结、断层和隔层等），采用三轴压缩实验研究了水力裂缝的扩展状态。实验得出了天然裂缝是否发生剪切滑移从而捕获水力裂缝或者水力裂缝打开天然裂缝导致过度滤失的判定准则。Beugelsdijk 等人 [23] 在室内规模化实验中验证了储层的不连续性对水力裂缝和天然裂缝相互作用关系的影响，指出了水力裂缝形态与水平应力差、地应力状态、压裂液注入速率、储层不连续类型有关。

以上实验研究重点关注了单条水力裂缝及天然裂缝的相互作用关系，但在现场实践中水力裂缝的扩展往往涉及多条水力裂缝及大规模发育的天然裂缝。随着水力裂缝及天然裂缝数量的增加，其相互作用机制也会表现得极为复杂。因此，大量学者开展了多主裂缝、多天然裂缝扩展室内实验研究。Casas 等人 [24] 建立了包含两条平行天然裂缝的砂岩模型，其中一条天然裂缝以高弹性模量的砂浆填充，另一条天然裂缝以高抗拉强度的环氧树脂填充，结果表明黏结剂的黏弹性导致了环氧树脂填充接头的水力压裂。这种现象与水力裂缝被高黏土含量的天然裂缝捕获的情况相似。水力裂缝从井筒起裂以后，总是趋向于向阻力最小的方向扩展，而裂缝扩展阻力大小不仅取决于原始地应力条件，还与天然裂缝物理力学性质密切相关，这也导致了不同水力裂缝与天然裂缝间的相互作用模式出现差异。此外，实验还表明，天然裂缝尺寸也会明显影响水力裂缝与天然裂缝的相互作用模式。具体表现为：当天然裂缝尺寸明显小于水力裂缝时，水力裂缝将大概率绕过天然裂缝扩展；而随着天然裂缝尺寸增加，水力裂缝与天然裂缝间的相互作用模式逐渐转化为被天然裂缝捕获、打开天然裂缝或转向。Zhou 等人 [25] 建立了天然裂缝随机分布的水力压裂混凝土模型，着重研究了随机天然裂缝对水力裂缝形态、压力曲线及滤失的影响。研究表明，当模型采用高水平应力差（10MPa）压裂时，压裂过程中主要形成以主裂缝为主的分支裂缝，且压力曲线波动较大，振荡明显。当模型采用低水平应力差（5MPa）压裂时，水力裂缝呈辐射状，形成复杂的裂缝网络系统，同时压裂过程中压力曲线较为平滑。众多科研人员针对天然裂缝尺寸和密度对水力裂缝的影响开展了研究，结果表明，当井筒附近存在大规模天然裂缝且水平应力差小于 11MPa 时，更有利于复杂裂缝网络系统的形成，而主裂缝的扩展形态可以概括为以下三种：（1）多簇主裂缝＋裂缝网络系统；（2）多条主裂缝；（3）单条主裂缝。当井筒周围存在大量天然裂缝时，第一种裂缝扩展形态占主导地位，其缝网形态主要取决于天然裂缝的长度。具体表现为，天然裂缝长度越长，裂缝网络越复杂，水力压裂储层改造体积越大，改造效果越好。第二种裂缝扩展形态主要取决于水平应力状态的分布。如果在近井筒附近不存在天然裂缝或存在少量天然裂缝，水力裂缝扩展形态主要表现为第三种，该裂缝扩展形态主要取决于水平应力差的大小。天然裂缝的物理力学性质也会显著影响水力裂缝及复杂裂缝系统的扩展形态。随着天然裂缝宽度的增加，裂缝的整体强度将会降低，天然裂缝内部更倾向于产生新裂缝，这将导致水力裂缝更容易被天然裂缝捕获。此外，随着天然裂缝宽度增加，天然裂缝内部更容易产生复杂微裂纹，也会产生更宽的流体流动通道，因此压裂液更容易流入天然裂缝内部。当水力裂缝扩展逼近天然裂缝时，天然裂缝强度（抗拉强度和剪切强度）会影响水力裂缝尖端的应力状态。Guo 等人[26] 使用页岩岩芯露头在真三轴应力测试系统中对影响水力裂缝扩展的因素进行了系统性分析，通过计算机断层扫描（Computed Tomography, CT）岩芯露头，综合分析了压裂过程中页岩岩芯露头复杂裂缝扩展规律。结果表明，水力裂缝扩展形态受压裂液注入速率和黏度、水平应力差系数、天然裂缝胶结强度、天然裂缝分布密度等多因素控制，其实验结果如图 1-4 所示。

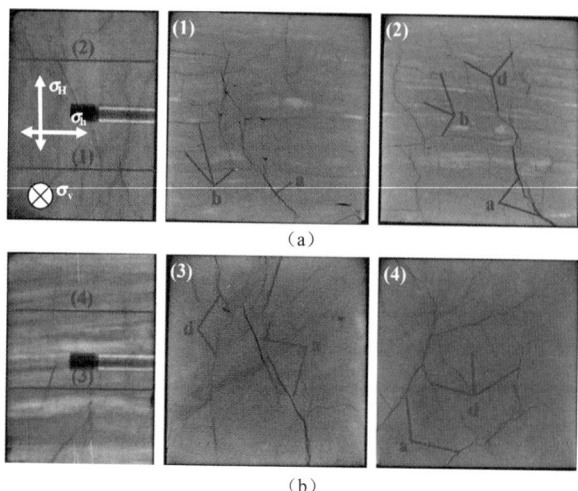

(a)

(b)

图1-4 水力压裂页岩裂缝扩展形态

(1)~(4)代表不同切片位置的扫描结果

非常规油气储层主要由砂岩、页岩等沉积岩组成，层状结构发育明显，水力裂缝起裂、扩展、交叉使其力学性质更为复杂。为明确不同层理结构对水力裂缝扩展形态的影响，大量学者[26-28]结合声发射实验及CT扫描对不同层理结构下水力裂缝扩展形态进行研究。研究结果表明，在层理结构储层压裂裂缝的起裂及扩展过程中，井口压力振荡明显，并呈现典型的锯齿状。根据压力曲线，可将该储层条件下裂缝的起裂及扩展概括为如下四种形态：（1）水力裂缝沿隔层或层理方向扩展，且仅形成一条主裂缝；（2）水力裂缝穿过层理并沿垂直于层理的方向扩展，仅形成一条主裂缝；（3）水力裂缝沿垂直于层理的方向扩展，但主裂缝被层理结构捕获；（4）水力裂缝沿垂直于层理的方向扩展，被层理结构捕获后，在层理结构某段逃离并背离层理结构扩展。总的来说，当水力裂缝与高强度层理相遇时，水力裂缝不易打开层理结构，往往穿透层理形成单一的主裂缝；而当层理强度较低时，水力裂缝倾向于被层理结构捕获，然后打开层理结构或转向扩展。基于水力裂缝及层理结构在垂直方向的相互作用模式，Tan 等人[29]采用大尺寸真三轴实验研究了具有隔层的页岩储层中水力裂缝的起裂及其在垂直于层理方向上的扩展，研究结果表明，水力裂缝在垂直于层理方向上的扩展受多种因素的控制，不同应力条件及人工控制方法决定了不同的水力裂缝扩展形态。

基于以上实验研究，水力裂缝与天然裂缝及层理等不连续结构间的相互作用模式主要表现为穿透、捕获和补偿性扩展。而非常规储层中水力裂缝单裂缝、多裂缝及复杂缝网扩展主要受储层应力分布、天然裂缝倾角及物理力学性质、压裂液注入速率、压裂液黏度、完井参数等因素控制。当压裂试件中仅存在单条主裂缝时，水力裂缝扩展形态单一，且沿水平最大主应力方向扩展，可用简单的平面裂缝形态描述。而当试件中存在大量不连续结构时，水力裂缝扩展形态及机理均较为复杂，呈现非平面裂缝形态，通过实验构建复杂裂缝网络系统，明确裂缝扩展规律难度较大。目前，对水力压裂方法的实验研究主要以室内真三轴水力压裂物模实验为主，综合考虑水力裂缝与天然裂缝间的相互作用关系，研究水力裂缝在裂缝性岩石露头中的形态及扩展行为。上述实验证明，水力裂缝在裂缝性岩石中的扩展主要包括：水力裂缝穿过天然裂缝；水力裂缝转向天然裂缝并沿着天然裂缝方向扩展；水力裂缝沿着天然裂缝方向扩展一段距离后突破天然裂缝。而不同的水力裂缝及缝网形成模式主要受原始地应力条件、天然裂缝性质及分布状态、岩石力学性能及人工控制方法施工参数等因素的影响。

1.2.2　水力压裂数值模拟研究

水力压裂是一个多物理场耦合的复杂过程，涉及岩石骨架变形、岩体渗流、裂缝内流体流动与滤失、裂缝起裂与扩展，以及原始应力场与裂缝扩展过程中干扰应力场等诸多力学问题。由于储层性质的复杂性、岩石结构的非均质性及大量天然裂缝的存在，水力裂缝的扩展机制极为复杂。此外，由于开发手段的多样性，水力裂缝扩展往往存在多缝随机或同时扩展的情况，缝间应力干扰使得水力裂缝扩展形态更加复杂。国内外学者为了最大限度地增加储层改造体积，对这一问题做了大量的研究。目前，室内实验主要以真三轴水力压裂实验为主，但是这种实验不仅成本较高，能模拟的裂缝长度较短（不到1m），而且实验岩石样本往往是人工浇筑混凝土模块或者岩石露头，与地下岩石差距较大，很难满足现场实践要求。因此，理论计算和数值模拟方法成为研究水力压裂问题的重要手段。

1.2.2.1 理论计算模型

为了研究水力裂缝的扩展形态，明确其损伤破裂机理，水力裂缝扩展的理论模型、实验模型及数值模型研究均取得了巨大的进步。早期水力压裂模型主要以二维模型为主，KGD（Khristianovic-Geertsma-de Klerk）模型[30]和PKN（Perkins-Kern-Nordgren）模型[31]由于现场操作简便，在早期水力压裂实践中得到广泛使用。早期，Perkins和Kern[31]通过以下假设建立了二维水力压裂PKN模型，如图1-5所示。PKN模型假设裂缝长度远大于裂缝高度，裂缝的纵向横截面为椭圆形。同时该模型假设在给定的油层范围内，裂缝延伸方向的正交平面为平面应变状态。随后，Nordgren[32]在PKN模型的基础上考虑了流体滤失的影响，得出了裂缝长度和宽度在压裂过程中的渐进解。

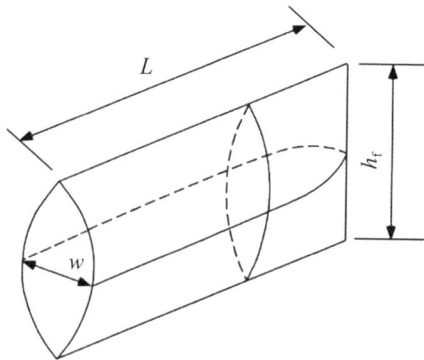

图1-5　二维水力压裂PKN模型裂缝示意图

其假设为：

（1）裂缝高度为 h_f，其值恒定且与裂缝长度无关。

（2）与裂缝扩展方向垂直的裂缝面上的压力为定值，大小为 p。

（3）每一个垂直界面变形不受相邻截面的影响。

（4）截面形状为椭圆形，其宽度表达式为：

$$w(x,t) = \frac{(1-\upsilon)h_f(p-\sigma_h)}{G} \tag{1-1}$$

（5）椭圆裂缝面内流体流动符合牛顿流体流动定律，其表达式为：

$$\frac{\partial(p-\sigma_h)}{\partial x} = -\frac{64}{\pi}\frac{q\mu}{w^3 h_f} \tag{1-2}$$

式中，q 为流体流量；μ 为流体黏度。

（6）在最初理论中，忽略了裂缝宽度对流体流量的影响，而 Nordgren 后来考虑了裂缝宽度影响，其连续性方程可表示为：

$$\frac{\partial q}{\partial x} = -\frac{\pi h_f}{4}\frac{\partial w}{\partial t} \tag{1-3}$$

最后在如下边界条件下进行求解：

$$w(x,t)=0; \quad w(x,t)=0 \quad \text{当 } x>L(t), \; q(0,t)=q_0 \tag{1-4}$$

求解得到 PKN 模型裂缝长度和宽度的表达式：

$$\left.\begin{aligned} L(t) &= 0.605 \times \left[\frac{Gq_0^3}{(1-\upsilon)\mu h_f^3}\right]^{1/5} t^{4/5} \\ w(0,t) &= 2.104 \times \left[\frac{(1-\upsilon)q_0^2\mu}{Gh_f}\right]^{1/5} t^{1/5} \end{aligned}\right\} \tag{1-5}$$

式中，t 为时间；q_0 为压裂液流量。

KGD 模型假设在扩展过程中裂缝长度远远小于裂缝高度，裂缝宽度相对于裂缝高度独立且不随裂缝高度的变化而改变，在水平面上（X-Y 平面）该模型被简化为平面应变问题。Daneshy[33,34] 在早期 KGD 模型的基础上引入了流体流动效应及支撑剂的沉降运移过程，综合考虑了水力裂缝扩展过程中的影响因素。其裂缝形态如图 1-6 所示，且模型求解作如下假设：

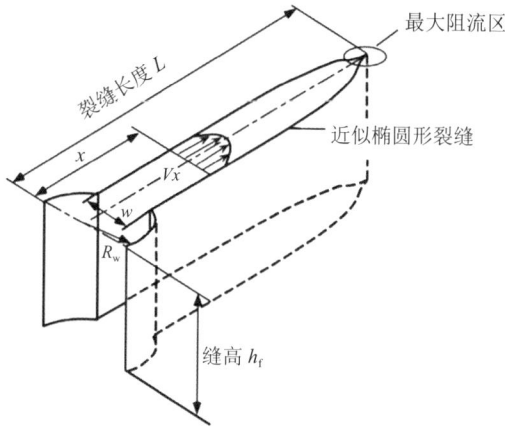

图1-6　KGD模型裂缝示意图

（1）裂缝扩展过程中裂缝高度固定且只考虑水平面岩石刚度；

（2）裂缝扩展截面为矩形，缝内流体流动符合立方定律，其表达式如下：

$$p_{\text{net}} = p(0,t) - p(x,t) = \frac{12\mu q_0}{h_{\text{f}}} \int_0^x \frac{\mathrm{d}x}{w^3(x,t)} \qquad (1\text{-}6)$$

利用 Barenblatt 缝端边界条件：

$$\int_0^L \frac{p_{\text{net}}(x,t)}{\sqrt{L^2 - x^2}} \mathrm{d}x = 0 \qquad (1\text{-}7)$$

且指定 h_f 为 $L/2$，则裂缝宽度表达式为：

$$w(x,t) = \frac{2(1-\upsilon)Lp_{\text{net}}}{G} \tag{1-8}$$

则 KGD 模型结构下裂缝长度和宽度的解析解为：

$$\left.\begin{array}{l} L(t) = 0.68 \times \left[\dfrac{Gq_0^3}{(1-\upsilon)\mu h_f^3}\right]^{1/6} t^{2/3} \\[4mm] w(0,t) = 1.87 \times \left[\dfrac{(1-\upsilon)q_0^3\mu}{Gh_f^3}\right]^{1/6} t^{1/3} \end{array}\right\} \tag{1-9}$$

Geertsma 等人[35]在现场应用问题的基础上重新发展了 KGD 模型和 PKN 模型，并对两种模型进行了对比。研究指出，两种模型由于条件假设而具有一定的适用范围。PKN 模型在裂缝高长比小于 1 时具有较高的准确性，并且裂缝压力将随着裂缝长度的 1/4 次方成比例增大。而 KGD 模型适用于裂缝高长比大于 1 的情况，且裂缝压力将随着裂缝长度的 1/2 次方成比例减小。因此，两种模型的准确性主要依赖于裂缝形态的变化情况，但是，如果水力压裂中裂缝垂直方向止裂较好，一般都能得到较为准确的计算结果。

上述模型是在大量假设基础上建立的，而水力裂缝扩展问题是一个多场耦合问题，涉及大量的物理模型。随着计算机技术的不断发展，大量数值仿真技术成为模拟水力压裂的新途径。此外，上述模型只适用简单、单一的裂缝扩展的模拟，当涉及发育有大量天然裂缝的储层、裂缝转向问题时将无法得出准确的结果。

1.2.2.2 离散单元法

离散单元法（Discrete Element Method，DEM）是基于不连续模型提出来的显式求解数值方法，在计算中受节理等不连续面控制，单元节点可以分离，即相邻单元之间可以分离也可以接触。颗粒材料的离散单元法最早是由 Cundall 在 1971 年提出的，随后他创立了知名的通用离散单元程序（Universal Distinct Element Code, UDEC）[36-38]。Cundall[39] 首先将离散单元法应用在岩石的水力压裂过程中，这些模型通过润滑方程对岩石连接部位的水力学和流动学进行了近似的表达。这种方法对耦合岩石变形及离散裂缝网络系统内流体流动问题的模拟具有较高的准确性，其缺陷是在模拟过程中需假定预制裂缝不扩展。如图 1-7 所示为离散单元颗粒结构及扩展结果。Harper 和 Last[40] 最早使用离散单元法研究水力压裂裂缝扩展，他们对两组相互正交的平行裂缝在水力压裂过程中裂缝宽度的变化进行了研究，结果表明，原始地应力场及岩石孔隙压力对裂缝扩展形态影响明显。在不同的原始应力条件下，Zhang 和 Jeffrey[41] 对近井地带裂缝扩展形态开展了研究，他们在构建的模型中对影响裂缝扩展形态的主要因素（岩石基质性质、压裂液注入速率及黏度）开展了定性研究。为了研究水力裂缝与天然裂缝间的相互作用关系，Zangeneh 等人 [42] 使用离散单元法将天然裂缝嵌入单元网络，同时设定天然裂缝黏聚力及抗拉强度为 0，模拟结果表明，当在高水平应力差及大天然裂缝倾角的情况下，水力裂缝极易穿透天然裂缝并沿最大水平主应力方向扩展。而使用三维离散单元程序（3 Dimension Distinct Element Code，3DEC）模拟裂缝的动态扩展也是国内外学者重点关注的问题之一。基于 3DEC，Hamidi 和 Mortazavi[43] 对完整岩石中三维水力裂缝的扩展进行了模拟，该模型采用虚拟节点技术对裂缝的起裂形态进行了研究。该研究基于水力裂缝的扩展形态对原始地应力参数、岩石物理力学性质及压裂施工参数的敏感性进行了分析，结果表明，水力裂缝的扩展形态对应力状态的敏感程度强于岩石的物理力学性质。此外，Nagel 等人 [44] 建立了包含 350 条天然裂缝的 3DEC 模型，研究发现，压裂过程中的微地震事件不仅发生在水力裂缝张拉型破坏中，也发生于天然裂缝的剪切滑移过程，因此他们假设微地震事件的范围等于增产的储层体积，但这样的假设会导致对水力压裂效果的高估，特别是在高黏度压裂液压裂的情况下更为明显。

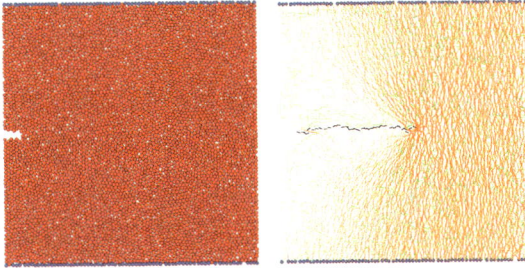

图1-7　离散单元颗粒结构及扩展结果

颗粒流程序（Particle Flow Code，PFC）是利用离散单元法研究水力裂缝扩展的重要组成部分，但大多数研究均集中在二维水力裂缝扩展过程。PFC 与 3DEC 的主要区别表现在以下几个方面：（1）二维和三维离散单元在 PFC 中是刚体，而在 3DEC 中可以是刚体，也可以是可变形体；（2）在 PFC 中离散单元更容易模拟，这也使得 PFC 的求解效率更高；（3）离散单元的位移范围在 PFC 中不受限制。更具体地说，裂缝在 PFC 中由孔洞和流体流动通道表示，颗粒之间的相互作用可以通过几个内置的接触模型来描述，这些模型能够模拟颗粒之间的剪切和拉伸作用。流体流动采用孔道系统进行模拟，流体在孔道中的流动通常遵循泊肃叶定律（Poiseuille's law），并根据连续性方程和流体可压缩性计算孔道内的流体压力变化。基于二维的 PFC 程序，Al-Busaidi 等人 [45] 记录了水力压裂模型中的声发射响应事件，并与实验记录进行了对比。通过分析这些数据，明确了花岗岩试样的水力裂缝主要为拉伸破坏模式，实验中出现的剪切裂缝是由天然裂缝的剪切滑移造成的。随后，他们研究了水力裂缝与以弱法向和剪切键为代表的单一天然裂缝之间的相互作用关系。Eshiet 等人 [46] 建立了具有岩土力学性质材料的水力压裂二维 PFC 裂缝扩展模型，研究了压裂液注入参数和岩石性质对水力裂缝起裂和扩展的影响。Hofmann 等人 [47] 模拟了不同完井设计方案和处理参数下多条水力裂缝的同时扩展过程，并将这些数值实例中得到的裂缝模式转换到一个有限元油藏模型中，以研究完井设计和处理参数对裂缝网络构建效率的影响。

学界还使用与 PFC 程序相似的离散单元法研究水力裂缝的扩展形态。Wang[48] 的研究表明，离散单元法的主要缺点就是在模拟岩石连接点时需要连接点一直被固定，以便形成独立块体对离散单元进行应力分析，而此种方式往往会降低模拟结果的准确性。在离散单元模型中，流体通过不渗透岩石基质的连接系统流动，而且仅仅在连接点处流动，在岩石基质中不产生孔隙流动，这不符合储层中水力压裂的实际情况。Cappa[49] 应用离散单元法完全耦合了裂缝中的流体力学行为，结果表明，裂缝的渗透率主要取决于裂缝的力学变形，而此种力学行为又取决于流体压力。De Pater 和 Beugelsdijk[50] 建立了离散裂缝的离散单元模型，研究了不同注入速率下压裂液在裂缝系统中的流动规律，结果表明，高注入速率能使压裂液更轻易地进入天然裂缝，而裂缝网络形态主要取决于单元的形状。

Damjanac 等人 [51,52] 应用离散单元法模拟了典型天然裂缝发育岩石储层中水力压裂过程，模型中耦合了岩石动力学及水压力学，实现了水力裂缝扩展过程中天然裂缝与水力裂缝间相互作用过程的模拟。Riahi 和 Damjanac[53] 随后开展了大量关于对裂缝网络系统的研究，基于离散单元法编写了通用离散单元程序，模拟了天然裂缝岩石中流体注入问题。他们发现了水力裂缝及天然裂缝网络间的相互作用关系（图 1-8）。Nasehi 和 Mortazavi[54] 基于二维离散单元法建立了一个典型的水力压裂模型，研究了流体与岩石之间的流 - 固耦合关系，结果表明，水力裂缝的起裂和扩展受原始地应力场分布及岩石本身结构力学性质影响较大。

图1-8　离散裂缝网络系统数值模拟结果

Shimizu 等人[55]基于离散单元法建立了水力压裂的流-固耦合模型，研究了压裂液黏度及岩石颗粒尺寸对水力裂缝形态的影响，并将所得结果与声发射实验数据进行了对比。结果表明，低黏度压裂液在压裂过程中流动速率较高，能快速流入天然裂缝。Zhang 等人[56]应用混合有限元法及离散单元法建立了致密油储层水力压裂裂缝扩展模型，有限元和离散单元的混合使用能够更好地预测裂缝扩展状态。结果表明，水平应力差、射孔簇数量、射孔簇间距、压裂液注入速率及天然裂缝分布密度对裂缝网络系统形成具有较大影响。

针对页岩储层的大规模体积压裂，Zou 等人[57,58]建立了由复杂缝网形成的三维离散单元模型，同时引入 Drucker-Prager 塑性模型来模拟页岩储层的塑性变形，取得了丰厚的研究成果，主要包括：缝网的复杂程度主要由水平应力差大小决定，而储层的塑性变形会减少储层改造体积，增加射孔簇数和提高压裂液注入速率可以明显增加裂缝网络的复杂程度，最大化储层改造体积，其数值模拟结果如图 1-9 所示。Gerolymatou 等人[59]建立了具有隔层储层的水力压裂离散单元模型，考虑了隔层方位和隔层间距对水力裂缝扩展的影响，研究表明，水力裂缝形态取决于隔层集合形态和原始地应力场应力分布状态。

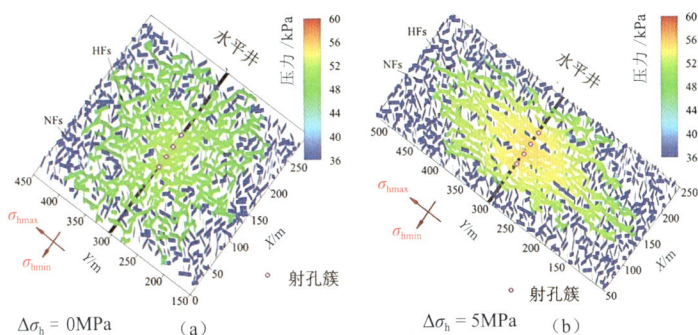

图1-9　三维离散单元的缝网扩展结果

Zeeb 和 Konietzky[60] 建立了一个三维离散单元模型，研究了增强型地热系统中水力裂缝扩展形态，对水力压裂多裂缝扩展过程中干扰应力的产生及多裂缝间的相互干扰进行了研究。研究结果表明，水力裂缝扩展过程中会产生很强的干扰应力，甚至使原始地应力场方向发生改变，对后续裂缝的扩展形态产生明显影响。Wasantha 等人[61,62] 应用离散单元模型研究了天然裂缝与水力裂缝的作用方式，同时对影响水力裂缝扩展的因素做了大量模拟。研究指出，当水力裂缝与天然裂缝相遇时，水力裂缝可能会穿过天然裂缝或者在相交节点被天然裂缝捕获，或者打开天然裂缝并流入压裂液，而具体水力裂缝网络形态主要取决于原始地应力条件及岩石力学性质，其中，天然裂缝性质（天然裂缝胶结强度和天然裂缝逼近角）也在极大程度上影响了裂缝网络形态。

在离散单元法的基础上，Yan 等人[63-65] 开发使用了有限离散单元来研究水力裂缝扩展问题，同时考虑了流体黏度对水力裂缝扩展的影响，将岩石孔隙渗流及压裂液的滤失引入现有离散单元模型，使其能更准确地表征水力压裂的多场耦合问题。Lisjak 等人[66] 将新的全耦合流 - 固公式加入有限元模型，模型能够准确模拟原有或新形成缝网之间的流体流动，同时模拟基质岩石间的渗流过程，结果指出，较小的渗透率可以通过为流动通道分配初始水力裂缝宽度和简单的渗透率模拟测试得到。Chen 等人[67] 建立了不同矿物颗粒、不同接触及不同矿物含量的离散单元水力压裂模型，在不同工况下研究了渗透率、流体黏度、压裂液注入速率、边界应力、天然裂缝及非均质弱胶结层对水力裂缝扩展的影响。

此外，离散单元法主要从微观角度模拟水力压裂裂缝扩展，这样做的好处是多方面的：（1）不需要额外的断裂准则来控制裂缝的扩展；（2）水力裂缝的起裂和扩展可以在一个统一的框架内进行模拟；（3）不需要随着水力裂缝的扩展而更新拓扑。然而，在应用前需要对相关参数进行校准，以确保岩石宏观力学行为的准确建模。

离散单元法的一个主要缺点是它的计算成本，该方法需要大颗粒或块（粒径在厘米级甚至分米级）才能负担现场尺度问题的模拟。然而，在微尺度或中尺度问题中，代表岩石颗粒或块状物的尺寸一旦过大，就可能失去其物理意义。另一个缺点是受激裂缝网络是由离散粒子表示的，不像连续介质方法中的网格表面表示那样清晰。总的来说，随着计算机技术的发展，离散单元法在水力压裂中得到了广泛应用，逐渐从单一的模型发展到全耦合模型，且逐渐考虑流体的流动性质（包括裂缝间的滤失及流体在岩石孔隙中的渗流过程），使得离散单元模型更加贴近水力压裂实践。虽然离散单元法能够在一定程度上实现水力裂缝随机扩展，但其计算精度没有有限离散单元法精度高，而且其在模拟方法上的灵活性，更适用于非连续性介质的模拟。

1.2.2.3　有限元法

作为模拟裂缝扩展最为常见的数值方法，传统有限元模型用以模拟 KGD 模型裂缝、径向裂缝及 3D/2D 平面或非平面裂缝已在现场得到了广泛使用。有限元法（Finite Element Method，FEM）也是最早应用于结构力学的数值分析方法，其基础是变分原理和加权余量法，该方法通过将有限的求解域离散为不同的有限单元，用微分方程进行离散求解。不同的权函数和插值函数可构成不同的FEM。最初，Boone 和 Ingraffea[68] 使用 KGD 裂缝模型实现了线弹性孔隙介质中水力裂缝扩展的模拟。该模型中，岩石基质的弹性变形及流体流动通过 FEM 进行求解，而裂缝通道中的流体流动通过有限差分法求解，其中裂缝内流体流动满足泊肃叶定律及流体连续性方程，裂缝壁面的滤失采用压力相关滤失模型。早期，Barenblatt[69,70]基于平衡断裂模型，在有限元法的基础上使用黏聚力模型研究了完全脆性材料中裂缝扩展规律，其模拟结果主要在黏性主控裂缝扩展框架下适用。Camacho 和 Ortiz[71] 提出了一种基于应力的黏聚力单元有限元模型，裂缝以孤立的黏聚力单元面插入有限元模型，而黏聚力单元面则由连接的重复节点组成。Xu 和 Needleman[72] 在认识到线性黏聚力模型的不足后，通过调整黏聚力准则的初始斜率，并应用双线性黏聚力单元模型来模拟裂缝扩展过程。

有限元法用于水力压裂模型是非常有效且贴近实际的，裂缝内流体流动性质也能得到有效求解。早期，Boone 等人 [68,73] 将黏聚力模型插入有限单元中，模拟了不渗透和渗透性岩石中的裂缝扩展过程，模型不仅描述了岩石的孔隙弹性，而且采用有限差分法对沿着裂缝方向流动的流体进行了求解。由于真实储层条件下的岩石往往不是完全弹性的，Papanastasiou 和 Thiercelin [74-76] 考虑了水力压裂条件下岩石的非弹性行为，岩石变形为弹塑性变形，用基于岩石软化损伤过程的黏聚力单元模型模拟水力压裂过程中的裂缝扩展过程。同时，用裂缝内的流体连续性方程直接耦合流体流动和岩石变形。

Schrefler 等人 [77] 使用通用有限元公式，在温度场中进行了流 - 固耦合的裂缝扩展模拟，模型使用全耦合的离散黏聚力单元对裂缝扩展过程进行模拟，实现了热 - 流 - 固水力压裂裂缝扩展模拟。Sarris 和 Papanastasiou [78] 建立了平面应变条件下的水力压裂流 - 固耦合模型，使用黏聚力模型对裂缝扩展过程进行了全方位模拟，其中对岩石基质弹性、孔隙弹性变形及裂缝内流体流动进行了详细讨论。随后，Yao[79] 使用三维孔压黏聚力模型对水力裂缝扩展形态进行预测，准确模拟了裂缝起裂及扩展过程，其中裂缝过程区及裂缝扩展过程中黏聚特性也得到了求解（图 1-10）。Shen 和 Cullick[80] 在上述模型的基础上，研究了岩石脆性和水平井完井方式对裂缝网络复杂程度的影响，结果表明，适当调整压裂次序能明显增大储层改造体积。Carrier 和 Granet[81] 使用 0 厚度的孔压黏聚力单元对水力裂缝扩展进行了模拟，同时考虑了储层岩石的渗透孔压特性，数值模拟结果分别与黏性控制及韧性控制的裂缝扩展形式进行对比。结果表明，该方法对黏性及韧性控制裂缝的扩展均具有较高的准确性。Hunsweck 等人 [82] 建立了 KGD 裂缝扩展模型，实现了裂缝从扩展早期到扩展后期的全过程模拟，其中岩石变形及流体流动均采用 FEM

进行求解。Chen[83] 针对黏性控制的裂缝扩展建立了三维孔压黏聚力单元水力压裂模型，模型研究了过度网格及远场边界条件对裂缝扩展的影响，通过存在流体滞后及不存在流体滞后的边界条件间的过渡，流体前沿及裂缝尖端得到了准确的求解，同时也避免了在裂缝尖端所产生的流体负压。数值模拟结果表明，水力裂缝过程区主要受黏性流体的控制。

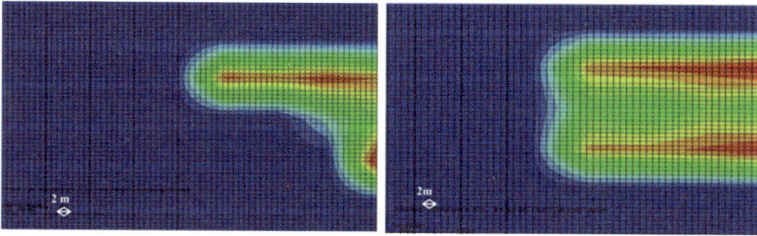

图1-10　基于有限元法的缝网扩展形态

水力裂缝三维扩展的模拟结果通常在二维模型的基础上通过求解耦合方程获得，此外，也可在三维模型的基础上通过求解平衡方程得到平面裂缝的扩展结果。Wang 等人[84] 基于 ABAQUS 有限元软件对含隔层的储层中水力裂缝的扩展形态进行了研究，并采用黏聚力模型描述裂缝扩展的全过程，结果表明，原始地应力状态、储层岩石弹性模量及抗拉强度对裂缝高度存在显著影响。更进一步地，Shin 和 Sharma[85] 建立了三层隔层的水力裂缝扩展模型，其中包含三条同时扩展的水力裂缝，并在 ABAQUS 软件中采用黏聚力单元模拟裂缝及隔层性质，结果表明，多条裂缝同时扩展时，由于应力干扰，平行裂缝间的扩展受到了极大的限制。基于离散裂缝的有限元模型也是模拟三维裂缝扩展的重要方法，在该模型中可通过岩石基质中的几何裂缝模拟流体的流动行为，同时也可实现多孔裂缝岩石中温度 - 孔隙 - 弹性变形的模拟。多孔介质岩石中基质变形遵循 Biot 多孔介质弹性理论，流体流动则满足泊肃叶定律及流体连续性方程，而所需位移场及应力场均在有限元框架内进行求解。对于裂缝扩展的求解及预测结果则采用位移相关法或基于能量的相互作用积分获得。随着勘探开发技术的提升，对于水力裂缝扩展的研究已不局限于单条或多条平面裂缝扩展，而是更多地转向多裂缝、天然裂缝及不连续结构间的相互作用关系。因此，学界基于 FEM 离散裂缝模型对天然裂缝与水力裂缝间的相互作用关系也开展了大量的研究。Fu 等人 [86] 则基于离散裂缝网络系统建立了可模拟复杂缝网扩展的有限元流 - 固耦合模型，并通过 FEM 和有限体积法（Finite Volume Method，FVM）分别求解了岩石变形及流体流动。该模型中的裂缝扩展通过线弹性断裂力学理论进行描述，其裂缝扩展路径假设沿具有最大周向应力的单元边界扩展，而裂缝尖端的应力强度因子则采用修正的位移相关法进行求解。此外，若联立黏聚力单元模拟复杂裂缝扩展，则可实现多条裂缝复杂缝网的水平井压裂、暂堵压裂及井工厂压裂的模拟，而黏聚力单元也可实现多射孔、多裂缝簇间相互作用过程中复杂缝网扩展的模拟。

经过多年的发展，具有孔压特性的黏聚力有限元模型得到了充分的优化，在模拟水力压裂方面也得到了大多数学者的认可，同时在现场实践中也得到了大量应用。目前，该模型已经广泛应用于简单平面水力裂缝扩展，水平井分段压裂裂缝扩展及应力分布影响，储层隔层裂缝高度控制等问题的研究 [87-95]。

1.2.2.4 扩展有限元法

传统有限元法模拟裂缝扩展需要不断地重画网格，网格处理方式较为复杂。而采用孔压黏聚力单元模拟裂缝时，需要在有限元中预制裂缝扩展路径，不能实现裂缝在任意方向转向的模拟。针对以上不足，Moës 等人 [96]、Belytschko 和 Black[97] 提出了一种新的模拟裂缝扩展的数值模拟方法 —— 扩展有限元法（Extended Finite Element Method，XFEM）。该方法是基于有限元框架提出的，在模拟裂缝扩展时不需要指定裂缝扩展路径和重画网格，而是使用扩充不连续形函数来描述裂缝扩展区域。该方法能够实现裂缝在任意方向的扩展，对模拟水力压裂问题中裂缝转向过程具有明显优势。作为一种流行的模拟裂缝扩展的数值方法，XFEM 也被应用于水力压裂模拟，通过不连续位移场，即单位函数的划分来捕捉裂缝变形。

早期，Lecampion[98] 就使用 XFEM 对水力压裂问题进行了模拟，模型将储层岩石假设为不渗透介质，但考虑了水力裂缝中的缝内压力，并通过特殊的裂尖渐进方程对黏性控制和韧性控制裂缝的扩展路径进行了求解。最近，Guo 等人 [91] 模拟了在均匀恒定流体压力作用下的水力压裂裂缝扩展过程，模型中采用最大周向应力准则及相互作用积分法计算应力强度因子，以确定裂缝扩展方向。Dahi-Taleghani 和 Olson[99,100] 则使用 XFEM 考虑了裂缝性储层中天然裂缝的影响，对水力裂缝与天然裂缝的相互作用规律进行了研究。随后，他们对该模型进行了改进，用于模拟二维天然裂缝性油藏中水力裂缝的扩展，并研究了水平应力差、天然裂缝走向和胶结强度对压裂裂缝网络扩展的影响。Mohammadnejad 和 Khoei[101,102] 在 XFEM 的基础上，建立了水力压裂流 - 固耦合模型，研究考虑了岩石的孔隙弹性及渗透性，缝内流体流动及滤失特性，并利用 Biot 多孔介质弹性理论模拟了多孔介质中水力裂缝沿直线的二维扩展，该模型中假定流体压力在计算域中也是不连续的。此外，Gordeliy 和 Peirce[103] 提出了扩展有限元模拟裂缝扩展时裂缝流体滞后及裂缝尖端奇异压力的解决方案，并开发了一种 XFEM 模拟器，其标准控制方程组包括固体的弹性平衡方程、流体的泊肃叶定律和连续性方程，以及由线弹性断裂力学（Linear Elastic Fracture Mechanics，LEFM）控制的裂缝扩展。Khoei 等人 [104-106] 首先基于"分块求解算法"和"时变恒压算法"对流体压力在裂缝表面形成的界面力进行了求解，随后利用 XFEM 和等效连续介质模型，提出了含多尺度裂缝的可变形多孔介质中两相流体流动的数值模型。模型经过不断完善和发展，逐渐在水力压裂流 - 固耦合及裂缝扩展过程中得到了广泛应用。

Wang[107] 模拟了各向异性地应力作用下井筒起裂水力裂缝的混合

模式扩展，模型中采用莫尔 - 库仑塑性理论考虑岩石介质的力学行为，采用 Biot 理论和泊肃叶定律分别对储层和裂缝内流体流动进行建模。假定满足黏聚力模型的断裂准则时，断裂沿与最大局部拉应力正交的方向扩展，Zeng 等人 [108,109] 研究了裂缝扩展形式、裂缝长度和裂缝距离对二维平行水力裂缝扩展稳定性的影响。他们还将该模型扩展为水平井筒中多条水力裂缝同时扩展的综合模型，并对多条裂缝中流体的流动进行了模拟，同时考虑了井筒和射孔的流体压力损失。Zeng 等人 [110] 利用 XFEM 模拟了各向异性孔隙弹性介质中水力裂缝的混合模式扩展，证明了储层岩石渗透率和弹性模量的各向异性对水力裂缝的长度和扩展方向都有很大的影响。Gupta 和 Duarte[111] 使用 GFEM（Generalized Finite Element Method，广义有限元法）模拟了三维非平面水力裂缝扩展。一个严格的假设是沿裂缝表面流体压力保持恒定，并基于能量释放率的裂缝扩展准则来确定裂纹前缘是否扩展，采用 Schöllmann 准则来确定裂缝扩展方向，应力强度因子则通过围道积分进行提取。该模型被应用于模拟不同地应力条件下多层地层中倾斜椭圆水力裂缝的非平面扩展。

师访等人基于 MATLAB 平台编写了二维 XFEM 程序，模拟了压剪状态下岩石材料的两种裂纹形式 [112] 和正交各向异性岩体裂纹扩展方式 [113]。此程序将利用复变函数得到的裂缝尖端的渐进解作为裂尖位移增强函数，使用相互作用积分计算混合模式下的应力强度因子，采用最大周向应力准则确定裂缝的扩展方向。随后，Shi 等人 [114] 将此方法运用于水力压裂全耦合模型中（图 1-11），研究了水平井顺序压裂过程中复杂裂缝形成的影响因素（岩石变形，压裂液流动，裂缝扩展，支撑剂的支撑和运移）。针对裂缝发育的天然裂缝储层，Shi 等人 [115] 基于 Newton-Raphson（牛顿 - 拉弗森）迭代同时对流体连续性方程和平衡方程进行求解，将摩擦裂缝间的接触作用在弹塑性理论的框架下通过罚函数求解。

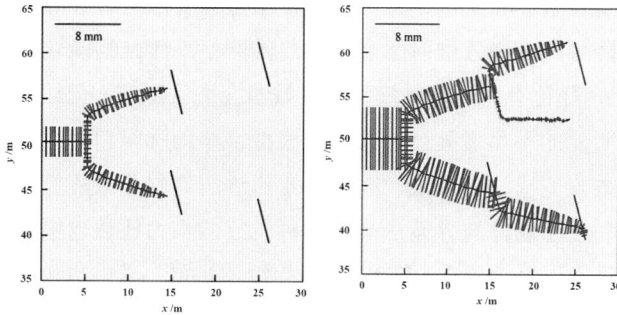

图1-11　基于扩展有限元法的缝网形态（2D）

Salimzadeh 和 Khalili[116] 基于黏聚力单元扩展模式建立了三相耦合（孔隙岩石、压裂液和热流体）的水力压裂扩展有限元模型，其中裂缝中流体流动遵循 laminar 流动（层流），孔隙介质中流体流动则遵循二维 Darcy（达西）渗流。Liu 等人[117,118] 使用 XFEM 模型研究了水平井分段压裂过程中不同压裂方案对裂缝网络形态的影响，结果表明，多条水力裂缝同时扩展时，裂缝尖端诱导应力能明显改变储层的应力分布，不同压裂方案下应力分布及裂缝扩展形态不一致。Vahab 等人[119,120] 用 XFEM 模型研究了裂缝扩展过程中流体不同流动模式对裂缝网络形态的影响，并针对具有隔层的储层，研究了水力裂缝扩展过程中水力裂缝和隔层间的相互作用关系。

在 XFEM 框架中，通过引入不连续场避免了网格重划分，可实现对非平面水力裂缝的三维扩展及其相互作用进行模拟，但应力强度因子的计算不像 FEM 那样简单。然而，在处理水力裂缝与天然裂缝相交产生的复杂拓扑结构时，XFEM/GFEM 与标准 FEM 具有相同的局限性。

1.2.2.5　边界元法

边界元法（Boundary Element Method，BEM）是一种继有限元法之后发展起来的有效的数值积分方法，它定义在边界上的积分方程为控制方程，然后对边界进行差值离散求解。因此在求解过程中只需要在边界布置网格即可。当使用边界元法进行计算时，问题会进行降维处理（三维问题会采用二维网格，而二维问题将采用一维网格），相比有限元法，模型网格数量会大大降低。但边界元法存在一个明显的不足之处：在处理非线性、非均质问题时很难找到一个基函数来完成边界降维，因此很难通过边界积分求解模型内部的应力场和位移场。边界元法是另一种流行的水力压裂建模方法，它已被广泛应用于模拟 2D 和 3D 水力裂缝的扩展，其中也包含天然裂缝储层复杂裂缝网络扩展的模拟。边界元法与有限元法的根本区别在于边界元法只对边界进行离散，而有限元法对整个区域进行离散。边界元法降低了模拟水力裂缝动态扩展时网格更新的难度和计算成本。此外，边界元法在具有无限（或半无限）域或不连续解空间的特定问题中也具有一定的优势。其中，位移不连续法（Displacement Discontinuity Method，DDM）是边界元法的一个重要组成部分，对于复杂的水力压裂问题，通常通过位移不连续法来完成对裂缝动态扩展的求解，而缝内流体流动通过有限元法来求解。

较早使用边界元法来研究水力裂缝扩展形态的是 Olson[121]、Renshaw 和 Pollard[122]，在他们的模型中，水力裂缝被简化为简单的平面裂缝，模型中不考虑缝间的相互影响和缝内流体流动。在简化模型中，裂缝扩展是基于远场边界条件进行求解的，并未考虑黏性流体的流动。Beugelsdijk 等人[23]利用 DDM 建立了一个简单的二维水力压裂模型，这是一种间接 BEM 公式。而 DDM 作为一种针对类裂纹几何问题的边界元计算公式，也是该领域最常用的边界元计算公式。该模型通过假设恒定、均匀的流体压力简化了耦合问题，同时采用最大周向应力准则，利用位移外推法计算应力强度因子并确定裂缝扩展方向，模拟了水力裂缝的混合模式扩展和多个水力裂缝之间的相互作用。随后，Olson[123,124]基于位移不连续求解公式建立了拟三维 DDM 模型，实现了多裂缝的同时扩展的求解。但是此模型并未考虑裂缝网络系统中的流体流动，而是用简化的恒定压力值作为边界条件作用在裂缝系统内。相关结果表明，裂缝的几何形态受水平应力差，裂缝系统压力值，裂缝高度及天然裂缝分布情况的影响。此后，Wu 和 Olson 对以上模型做了进一步完善和修改，在模型中引入非牛顿流体，流体滤失，并对耦合了岩石力学及流体力学行为的多裂缝同时扩展模型进行了求解；另外，在拟三维 DDM 模型的基础上提出了一个简化的三维裂缝扩展模型，模拟了裂缝性储层中水力裂缝网络形成规律。[125,126]

2007 年，Zhang 等人[127] 使用二维边界元模型研究了水力裂缝在具有隔层的储层中的扩展规律，模型中压裂液为不可压缩牛顿流体并以稳定速率流入。随后在此模型的基础上，Zhang 等人[128] 在模型中添加了大量的离散天然裂缝（初始裂缝关闭，但由于具有一定开度，所以具有导流能力）。模型耦合了岩石弹性变形，并对摩擦滑移对水力裂缝与天然裂缝间的相互作用关系进行求解，能够很好地求解天然裂缝储层中水力裂缝网络的扩展过程，但是在整个求解过程中，假设岩石为不渗透基质，并且整个变形过程为弹性变形，不符合实际压裂过程。为了研究离散裂缝系统中水力裂缝的扩展形态及流体流动方式，Zhang 和 Jeffrey[129] 建立了二维 DDM 水力压裂模型（图 1-12），模型中水力裂缝以不同方式与天然裂缝相互作用，实现了水力裂缝在不同方向的任意扩展，更逼真地模拟了缝网的形成过程。模型同时考虑了水力裂缝形态，研究了压裂液黏度、压裂液注入条件、裂缝交叉及天然裂缝分布情况对裂缝网络系统形成的影响。但是只考虑了少量单一形态的天然裂缝对裂缝网络系统形成的影响，因此更多的初始裂缝形态对水力裂缝网络形成的影响需要进一步研究。随后，Zhang 等人[130] 考虑了现实储层中的热力学问题，建立了热力学水力压裂模型，模型设置了低围压的固定储层压力值及表面温差。结果表明，温度对裂缝扩展具有较大影响，同时控制着裂缝扩展速度，在较大温度差异下，裂缝尖端流体更能够稳定裂缝扩展。

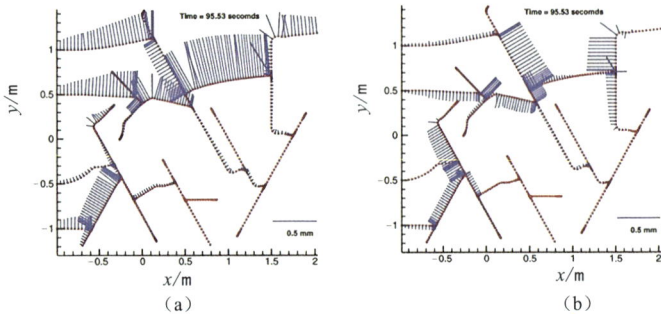

图1-12 基于二维DDM方法的缝网扩展形态

Time仅代表模拟计算时间

　　Xie 等人[131]建立了基于 DDM 的二维 FEACOD（Finite Element Analysis Code）模型来模拟天然裂缝性储层中水力裂缝的扩展，模型采用一种显式方法，该方法包括四个步骤：（1）利用泊肃叶定律和达西定律计算流体的流量和滤失量；（2）更新流体压力为可压缩流体；（3）利用 DDM 计算新裂缝变形；（4）为可压缩流体更新流体压力。该模型模拟了裂纹的萌生和扩展过程，当抗拉强度大于岩石的抗拉强度时，岩石发生拉伸破坏；当满足莫尔-库仑破坏准则时，发生剪切破坏。裂缝扩展受 LEFM 准则控制，并在数值计算中考虑了一组长度随机的天然裂缝。Xie 等人[132]用 KGD 模型解验证了该模型，并模拟了水力裂缝与单个天然裂缝之间的相互作用。2012 年，Cheng[133]针对水平井分段压裂问题建立了多裂缝扩展的 DDM 模型，主要研究了多裂缝扩展时水力裂缝周围的应力分布情况，对优化水平井完井参数起到了重要的指导作用。Mcclure 等人[134-136]基于 DDM 方法建立了复杂的水力压裂模型，模型将线性方程进行了改进，使 DDM 的稠密矩阵降维，形成稀疏矩阵，使该模型在计算复杂水力压裂模型裂缝扩展时具有较大的优势。模型不仅模拟了水力压裂多裂缝扩展问题，还对增强型地热系统中裂缝扩展进行了求解[137]，但是该模型需要提前指定水力裂缝扩展路径。为了解决水平井多段多簇压裂及多井同时压裂过程中多条水力裂缝同时扩展的问题，Sesetty 和 Ghassemi[138] 建立了二维水平井水力压裂 DDM 模型，该模型考虑了多条水力裂缝扩展过程中的相互作用——缝间应力干扰及缝内流体流动，结果表明，裂缝扩展路径不仅受裂缝簇间距影响，还受到前期压裂裂缝诱导应力的影响。Lecampion 和 Desroches[139] 建立了多条裂缝同时扩展的水平井分段压裂模型，该模型考虑了裂缝扩展、岩石弹性变形、流体流动的耦合、井筒内裂缝与流体弹性应力的影响。为了更贴近压裂实际，模型还考虑了井眼压降及井眼摩阻，同时压裂过程中的流量分配问题也得到了充分求解。

Zeng 和 Yao[140] 使用二维 DDM 模型模拟了水平井压裂过程中复杂缝网的形成过程，研究指出，裂缝间距和水平应力差对裂缝扩展路径和缝网形态影响明显。Tang 等人 [141,142] 建立了一种全新的热 - 流 - 固耦合水平井分段多簇水力压裂模型，使用有限体积法（FVM）对井筒和裂缝中的流体流动进行模拟，而岩石的弹性变形则用三维 DDM 进行求解，裂缝扩展则使用固定网格法（Fixed Grid Method，FGM）进行求解。结果（图 1-13）表明，多裂缝扩展时裂缝形态直接决定了干扰应力的大小，而干扰应力的大小不仅影响不同裂缝间压裂液的分配，还决定着裂缝尺寸和支撑剂运移速率。DDM 还被应用于 P3D 和 PL3D（Pseudo-3D）模型，以模拟考虑干扰应力效应的多条水力裂缝在三维空间中的同时扩展，这就是非常规裂缝模型（Unconventional Fracture Model，UFM）的概念。Kresse 等人 [143] 用 P3D 模型模拟了多条水力裂缝之间的相互作用，同时利用二维 DDM 模型估算应力干扰效应，并允许水力裂缝在二维 DDM 模型定义的平面上弯曲但保持垂直。Kresse 和 Weng[144] 进一步改进了上述模型，采用简化的三维 DDM 来估计三维应力干扰效应。Chen 等人 [145] 利用固定网格 PL3D 模型研究了多口水平井水力裂缝的同时扩展过程，并采用全三维 DDM 精确模拟了多平面水力裂缝之间的应力干扰效应，用 FVM 求解水力裂缝内流体流动。除此之外，一些基于 BEM 的全三维模型也被开发出来，例如基于通用三维裂缝分析代码（FRANC3D），开发了 HYFRANC3D 软件工具来模拟多个任意非平面三维裂缝。该软件采用最大周向拉应力准则、最大能量密度准则和最小应变能密度准则确定断裂扩展方向。裂缝内流体流动遵循连续性方程和泊肃叶定律，采用有限元法求解。滤失模型采用卡特滤失定律，但不考虑岩石孔隙的弹性效应。HYFRANC3D 已被用于研究单条水力裂缝的非平面扩展及间隔紧密但不相交的水力裂缝之间的相互作用。其他基于 BEM 的全三维模型与该模型具有大部分相同重要特征，包括裂缝扩展的最大周向拉应力准则、流体流动的泊肃叶定律和连续性方程，以及滤失效应的卡特模型。但 Vandamme、Curran 和 Yamamoto 等开发的模型都是基于 DDM，而 Rungamornrat 等和 Castonguay 等开发的模型是基于对称 Galerkin 边界的边界元法（Symmetric Galerkin Boundary Element Method，SGBEM）。Vandamme 和 Curran[146] 模拟了两条平行紧密间隔的便士形水力裂缝的同时扩展。Yamamoto 等人[147] 研究了单个井眼或不同井眼情况下形成的多条水力裂缝之间的相互作用关系。Rungamornrat 等人[148] 模拟了在不同地应力作用下斜井井筒中单条水力裂缝的扩展情况，而 Castonguay 等人[149] 模拟了水平或垂直井筒中多条不相交水力裂缝的同时扩展。

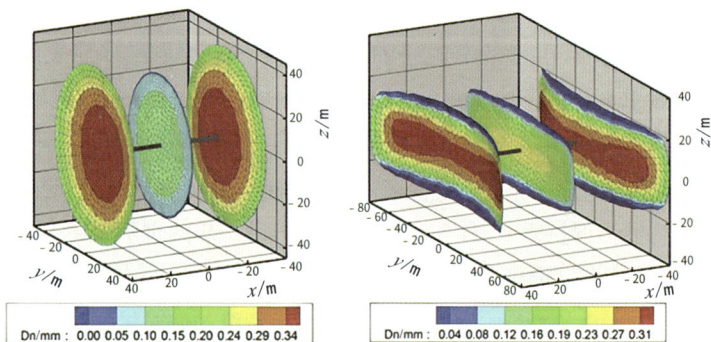

图1-13　基于三维DDM方法的缝网扩展形态

总的来说，与 FEM 和 XFEM 等连续体方法相比，边界元法具有实现简单、计算成本低的优点。在模拟天然裂缝的力学行为等复杂缝网扩展，如相对裂缝表面之间的摩擦，很容易在 DDM 公式中建模，求解较为简单。然而，任意三维水力裂缝的相交问题在边界元法中仍然是一个未解决的问题，并且该方案不允许使用弹塑性等先进的本构模型。

1.2.3　现场开采中微地震监测技术研究

近年来，由于非常规储层勘探开发任务逐渐增多，微地震监测技术得到了广泛的应用。自从 1962 年微地震监测技术被曾氏提出，基于 Kaiser（凯塞）效应，利用岩石声学传播特性，可以得到水力压裂过程中产生裂缝的具体位置、尺寸及扩展方向。通过后期数据处理，可以得到裂缝形态、扩展机理等一系列指导水力压裂方案设计的相关重要参数。

Warpinski 等人进行了微地震现场实验，通过接收微地震事件的位置和等级判定了储层中断层的位置。[150]随后，通过对微地震实验数据的分析，证明了通过微地震技术可了解水平井压裂各簇裂缝的压裂效率、储层改造体积、缝网复杂程度、天然裂缝位置、应力分布、断层影响及储层性质。[151]通过对北美 6 个页岩储层微地震事件的评价，Warpinski 等人发现储层水力压裂时所产生的微地震响应非常微弱，并对水平井分段压裂裂缝微地震响应等级做出了评价，结果表明水力压裂技术不会诱导正常环境下地震的产生。[152,153]其现场微地震事件响应如图 1-14 所示。

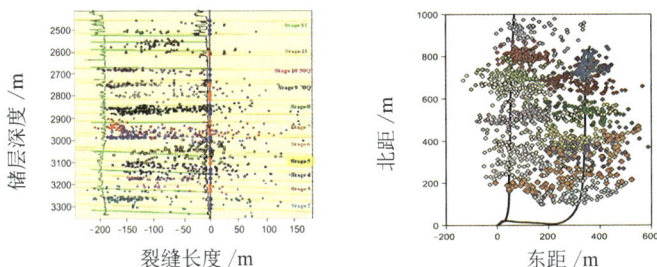

图1-14　微地震响应示意图

2010 年，Cipolla 等人[154,155]采用微地震响应图来描述裂缝扩展，降低了低渗透储层勘探开发的风险。通过两测井数据的相关性分析，得到了非常规低渗透率和常规储层中两井间距的关系，如图 1-15 所示。与常规储层相比，非常规储层渗透率极低，天然裂缝分布规律复杂，当两井间距较大时，相关性接近于 0。通过地震波在地层介质中传播的速度，可以得到地层的物理特性，包括岩石密度、矿物组成、岩石孔隙弹性等参数。其中页岩储层岩石组成复杂，不仅含有无机岩石矿物，还吸附有大量的有机质，页岩中大量分布的天然裂缝是油气的重要运移通道。[156,157]

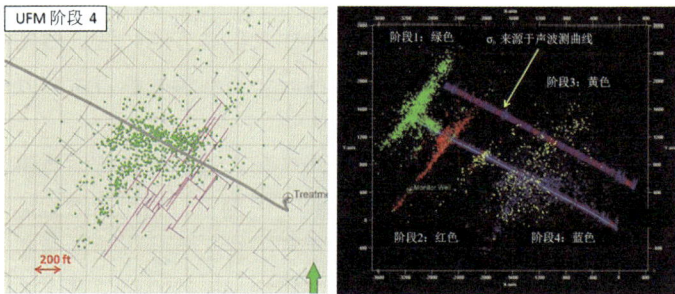

图1-15　低渗透储层中微地震裂缝网络系统

（1ft = 0.3048m）

微地震能对水力压裂过程中裂缝形态、方案优选、完井方案及储层开发做出有效的预测和指导，但其实际实施过程比较复杂，因此需要认真评价储层的地质条件，现场实施及方案的不确定性。另外，微地震技术从被提出到现在已经大量成功地被应用于现场实践，准确性受多种因素影响，同时其实践过程成本极其高昂，因此在现场应用中受到了诸多限制。

1.3　目前研究存在的问题

（1）随着水力压裂完井技术的发展，在水力压裂施工中期望多条水力裂缝竞争扩展，致使多条主裂缝非均匀扩展，或者形成更多沟通储层的新的水力裂缝网络系统。传统的解析模型只能对单一的简单平面裂缝进行分析，而室内大规模真三轴实验因为其尺寸效应及昂贵的经济特性只能对部分裂缝扩展规律进行模拟，难以适用于大规模现场实践。现场微地震实验虽然能够很好地监测现场裂缝的形态，但其复杂的操作过程和巨大的花费不能够满足所有储层的经济开采条件。因此，有必要发展一个能够模拟不同完井方案下裂缝扩展规律的模型，用于指导常规储层和非常规天然裂缝储层水平井分段多簇压裂及重复压裂施工方案的设计。

（2）缺乏能够考虑天然裂缝发育储层，体积缝网形成的水力裂缝流 - 固耦合扩展模型。在天然裂缝发育储层中，存在大量不规则发育的天然裂缝、节理等不连续结构面，水力裂缝不再是简单的平面裂缝，而受不同地质因素及施工参数的影响形成复杂缝网。基于边界元的 DDM 模型在处理非均质储层中裂缝扩展问题存在较大的困难，而传统有限元法（FEM）需要预定义裂缝扩展路径，无法模拟大规模水力裂缝网络的形成规律。扩展有限元法（XFEM）在模拟裂缝转向过程具有一定的优势，但是在处理水力裂缝和天然裂缝相交时需要使用特殊的加强函数和判断准则，在处理大规模天然裂缝发育储层水力压裂问题时计算量会相当庞大。

（3）水力裂缝与天然裂缝相互影响及多裂缝同时扩展时诱导应力产生是不可避免的问题。随着应力场的重新分布，不同裂缝间的流量分配也会随之改变，因此在不同工况下有效裂缝长度及缝网体积需要着重关注。所以，急需建立一种天然裂缝储层水平井分段压裂多簇裂缝同时扩展的流 - 固耦合模型，对不同水力压裂完井方式下的缝网压裂方案进行指导。

1.4 主要研究内容

针对不同增加储层改造体积水力压裂方法，在充分调研的基础上开展不同人工控制方法下水力裂缝及缝网形成规律的数值模拟研究。概括来讲，包括以下四个方面的研究：

（1）重复压裂水力裂缝扩展及重定向规律研究。

针对需要重复压裂的储层，引入初次压裂裂缝，建立全新的可实现近井筒和远场重复压裂的流 - 固耦合数值模型，展开直井重复压裂水力裂缝扩展规律的数值模拟研究，为重复压裂设计方案提供重要理论依据和实践基础。

（2）常规储层水平井分段多簇压裂裂缝扩展及缝间干扰研究。

针对常规储层水平井分段多簇压裂，采用不同压裂方案，开展不同压裂方案下裂缝延伸规律及缝间干扰的研究。采用三维 XFEM 方法建立多簇裂缝同时扩展的水力压裂流 - 固耦合模型，模拟裂缝扩展过程中由缝间干扰导致的裂缝转向问题。通过对裂缝扩展形态的分析，定量描述不同压裂方案下裂缝网络扩展速率，对不同压裂方案进行优选。

（3）天然裂缝发育储层水平井分段压裂缝网形成规律研究。

采用有限元黏聚力模型，对常规有限元模型进行改进，全局插入 0 厚度孔隙压力黏聚力单元（Pore Pressure Cohesive Element）模拟水力裂缝在天然裂缝发育储层中的随机扩展。使用不同属性黏聚力单元模拟天然裂缝和水力裂缝的相互作用关系，对天然裂缝储层中缝网形成规律进行研究。通过对影响缝网形成的因素进行敏感性分析，得出其相互作用规律，提出指导现场实践的相关建议。

（4）天然裂缝储层暂堵压裂裂缝竞争扩展及缝网形成规律研究。

针对水平井分段压裂过程中由裂缝缝间干扰导致的不同裂缝间流量分配不均的问题，开发设计新的射孔单元，模拟水平井分段压裂中的流量分配及暂堵压裂过程中缝网扩展过程。

第2章 水力压裂数值模拟的基本理论

水力裂缝扩展是一个涉及多物理场耦合的复杂力学问题。简单来说,水力压裂就是向地层中注入加压流体,当储层压力超过岩石的破裂压力后,岩石断裂形成连续的裂缝网络系统。从底层物理角度看,水力压裂主要涉及三个基本过程:(1)裂缝周围岩石变形及孔隙流体的渗透流动;(2)裂缝内流体流动及流体在裂缝壁面的滤失;(3)岩石断裂及裂缝萌生和扩展。除了这些基本物理过程,水力压裂还涉及许多其他物理现象,这些物理现象在各种分析和数值模型中通常被认为是次要过程。本章详细介绍了水力压裂数学模型和数值模型求解的基本控制方程,考虑了真实水力压裂过程中岩石的孔隙特性,在有限元框架内使用有限元法和扩展有限元法模拟水力裂缝的起裂和扩展过程。同时耦合流体在多孔介质间的渗流过程,应用润滑方程模拟裂缝面内流体的流动。在天然裂缝发育的储层中,采用全局嵌入0厚度孔隙压力黏聚力单元模拟水力裂缝与天然裂缝的相互作用过程,同时采用自编射孔单元解决多缝扩展过程中压裂液动态分布问题。多组模型配合,对重复压裂及水平井分段压裂过程中裂缝起裂、扩展和缝间干扰问题进行了模拟。本章在所选数学模型框架内使用 Python,在有限元框架内对水力压裂不同人工控制方法下裂缝扩展形态进行了全方位模拟,以明确复杂应力及储层条件下裂缝扩展机制,为现场水力压裂方案优化和参数设计提供理论及技术支撑。

2.1 岩石多孔介质理论及基质平衡方程

储层岩石为典型的多孔介质结构，含有大量的孔洞或微裂缝。孔隙裂缝中储存着由油、气和水组成的多相介质。在整个水力压裂过程中，压裂液进入岩石，岩石破裂和孔隙压力传播使得地层中的原始应力场分布发生变化，引起岩石部分微孔隙闭合，导致岩石孔隙度发生变化。而岩石的力学性质又会受到岩石孔隙度变化的影响。因此，Terzaghi 在实验的基础上提出了著名的有效应力原理。Terzaghi 有效应力原理表明，由多相流体和岩石骨架组成的多孔介质在受到外力作用时将发生变形，而将多孔介质完全饱和时孔隙周边均匀作用的法向压力定义为孔隙压力，岩石颗粒接触面传递的应力称为有效应力。

岩石的应力（σ）受湿润流体压力（p_w）、不湿润流体平均压力（p_a）及有效应力（$\vec{\sigma}$）的影响，其表达式如下所示：

$$\vec{\sigma} = \sigma + [\chi p_w + (1-\chi) p_a] I \tag{2-1}$$

式中，χ 为表面张力因子，当岩石完全饱和时，$\chi=1.0$，本章中 χ 取决于岩石的饱和度；I 为单位矩阵。

为了简化计算模型，假设不湿润流体压力在整个压裂过程中不随时间的变化而变化，并且它足够小以至于可以忽略不计，因此 p_a 在整个过程中对岩石骨架变形的作用也可以忽略不计，这样式（2-1）就可以改写为：

$$\vec{\sigma} = \sigma + \chi p_w I \tag{2-2}$$

在水力压裂过程中，随着压裂液进入，岩石孔隙开始吸收流体膨胀，因此有效应力就由吸收流体的压应力和岩石骨架有效应力组成，根据简化，其表达式为：

$$\vec{\sigma} = (1 - \varphi_t) \overline{\sigma} - \varphi_t \overline{p}_t I \qquad (2\text{-}3)$$

式中，$\overline{\sigma}$ 为岩石骨架的有效应力；$\overline{p}_t$ 为吸收流体的平均压应力；φ_t 为孔隙度。

对于完全饱和的岩石，且不考虑岩石孔隙压裂液的吸入，则有效应力公式可简化为：

$$\vec{\sigma} = \overline{\sigma} + p_w I \qquad (2\text{-}4)$$

根据虚功原理，岩石骨架在任意时刻的平衡方程可以表示为：

$$\int (\overline{\sigma} - p_w I) \delta \varepsilon \, dV = \int_S \tau \cdot \delta v dS + \int_V f \cdot \delta v dV \qquad (2\text{-}5)$$

式中，$\overline{\sigma}$ 和 $\delta \varepsilon$ 分别为有效应力和虚应变；δv 为虚位移；τ 和 f 分别为单位面积的面力和单位体积的体力。

2.2　流体连续性方程

水力压裂不同于传统的断裂力学问题，在裂缝扩展和流体流动之间存在内在的耦合关系，因此水力压裂模型建立及求解更具挑战性。在水力压裂数值框架内考虑流体流动影响的最简单方法之一是在裂缝表面施加均匀流体压力。然而，除了某些低黏度流体和高韧性地层的特殊情况外，这种过于简化的方法可能会导致严重的建模误差。更为合理的压裂流体流动建模方法是基于润滑理论，该理论认为水力裂缝的孔径总是远小于其高度和长度。润滑理论在水力压裂建模中的应用非常广泛，泊肃叶定律（或立方定律）被广泛应用于水力裂缝沿程压力梯度与流量的关系。流体在多孔岩石基质中的连续流动符合达西渗流，根据流体的连续性方程，流体质量的变化等于单位时间内穿过多孔介质流体的质量，其质量守恒方程可表示为[91]：

$$\int_V \frac{1}{J} \frac{d}{dt}(J\rho_w \varphi_w)dV = -\int_S \rho_w \varphi_w \boldsymbol{n}^T v_w dS \qquad (2\text{-}6)$$

根据高斯公式，可以得到流体连续性方程如下：

$$\frac{1}{J} \frac{\partial}{\partial t}(J\rho_w \varphi_w) + \frac{\partial}{\partial \boldsymbol{x}} \cdot (\rho_w \varphi_w v_w) = 0 \qquad (2\text{-}7)$$

式中，J 为多孔介质的变化率；ρ_w，φ_w，v_w 分别为流体的密度、岩石介质的孔隙度和流体的平均速率；$\boldsymbol{x}$ 为空间向量；$\boldsymbol{n}$ 为流量边界的单位法线方向；t 为时间。

流体在多孔介质中的流动用达西定律描述，其表示了流体渗流速度与压降之间的关系，表达式如下[158]：

$$v_w = -\frac{1}{\varphi_w g \rho_w} k \cdot (p_w - \rho_w g) \qquad (2\text{-}8)$$

式中，k 和 g 分别为渗透系数和重力加速度；p_w 为孔隙压力。

2.3 有限元基本方程

本章渗流模型中的应力场可以通过虚功原理求解，虚功原理表示单位时间内内力所做的虚功等于外力（面力和体力）所做的虚功。通过有限元离散，其应力平衡方程为[159,160]：

$$\int_V \delta\varepsilon^T \boldsymbol{D}_{ep} \frac{d\varepsilon}{dt}dV + \int_V \delta\varepsilon^T \boldsymbol{D}_{ep}\left[\boldsymbol{m}\frac{(s_o + p_w\varepsilon)}{3K_s}\frac{p_w}{dt}\right]dV -$$
$$\int_V \delta\varepsilon^T \boldsymbol{m}(s_o + p_w\xi)\frac{dp_w}{dt}dV = \int_V \delta\boldsymbol{u}^T \frac{d\boldsymbol{f}}{dt}dV + \int_S \delta\boldsymbol{u}^T \frac{d\boldsymbol{\tau}}{dt}dS \qquad (2\text{-}9)$$

式中，D_{ep} 为弹塑性矩阵；t 为时间；$m=[1,1,1,0,0,0]^T$；K_s 为岩石颗粒的压缩模量；s_o 为岩石孔隙流体的饱和度；p_w 为岩石的孔隙压力；$\xi=ds_o/dp_w$，表示饱和度和压力之间的关系；f，τ 分别为体力和面力；$\delta\varepsilon^T$，δu^T 分别为虚应变和虚位移；dV, dS 分别为单位体积和单位面积。

根据质量守恒方程，流体在岩石中的变化等于压裂液流入和流出的体积差，并且在多孔介质中流体的流动符合达西定律，则流体的连续性方程可以离散为：

$$s_o\left(m^T-\frac{m^T D_{ep}}{3K_s}\right)\frac{d\varepsilon}{dt}-\nabla^T\left[k_0 k_r\left(\frac{\nabla p_w}{\rho_w}-g\right)\right]+$$
$$\left\{\xi n+n\frac{s_o}{K_o}+s_o\left[\frac{1-n}{3K_s}-\frac{m^T D_{ep}m}{(3K_s)^2}\right](s_o+p_w\xi)\right\}\frac{dp_w}{dt}=0 \tag{2-10}$$

式中，k_0 为初始渗透率系数张量与流体密度的乘积，由初始渗透率和流体密度共同决定；ρ_w，k_r，g 分别为流体密度、渗透系数和重力加速度；n，K_o 分别为岩石基质孔隙度和体积模量。

联立式（2-9）和式（2-10），并将式子组装为有限元形式，可由下列式子求解：

$$\begin{bmatrix} K & C \\ E & G \end{bmatrix}\frac{d}{dt}\left\{\frac{\bar{u}}{\bar{p}_w}\right\}+\begin{bmatrix} 0 & 0 \\ 0 & F \end{bmatrix}\left\{\frac{\bar{u}}{\bar{p}_w}\right\}=\left\{\frac{df}{dt} \atop \hat{f}\right\} \tag{2-11}$$

$$K=\int_V B^T D_{ep}B\,dV$$
$$C=\int_V B^T D_{ep}m\frac{(s_o+p_w\varepsilon)}{3K_s}N_p\,dV-\int_V B^T(s_o+p_w\xi)mN_p\,dV \tag{2-12}$$
$$E=\int_V N_p^T\left[s_o\left(m^T-\frac{m^T D_{ep}}{3K_s}\right)B\right]dV$$

$$F = \int_V \left(\nabla N_p \right)^{\mathrm{T}} k_0 k_r \nabla N_p \mathrm{d}V$$

$$G = \int_V N_p^{\mathrm{T}} \left\{ s_o \left[\frac{1-n}{3K_S} - \frac{\boldsymbol{m}^{\mathrm{T}} \boldsymbol{D}_{ep} \boldsymbol{m}}{\left(3K_S\right)^2} \right] \cdot \left(s_o + p_w \xi \right) + \xi n + n \frac{s_o}{K_o} \right\} N_p \mathrm{d}V$$

$$\mathrm{d}\boldsymbol{f} = \int_V N_u^{\mathrm{T}} \mathrm{d}\boldsymbol{f} \mathrm{d}V + \int_S N_u^{\mathrm{T}} \mathrm{d}\boldsymbol{\tau} \mathrm{d}S$$

$$\hat{f} = \int_S N_p^{\mathrm{T}} q_{ob} \mathrm{d}S - \int_V \left(\nabla N_p \right)^{\mathrm{T}} k_0 k_r g \mathrm{d}V$$

式中，q_{ob} 为边界上的流体体积；N_u，B，N_p 为形函数矢量矩阵。

2.4 扩展有限元基本方程

扩展有限元法是在有限元框架内提出的用于处理数值计算中网格非连续性问题的新方法，最早由 Belytschko 和 Black[97] 于 1999 年提出。相较于传统有限元，扩展有限元在插值函数中引入了扩充形函数，通过增加额外节点自由度来模拟断裂力学中的不连续性问题。额外增加的节点自由度使得裂缝扩展路径不依赖于网格，因此在求解过程中不需要重划网格。该方法在模拟裂缝随机扩展及转向问题上相较于传统有限元具有较大优势。其位移向量可近似表达为以下形式：

$$\boldsymbol{u} = \sum_{I \in \mathrm{Sall}} N_I^u(x) \boldsymbol{u}_I + \sum_{I \in \mathrm{Sfrac}} N_I^u(x) H(x) \boldsymbol{a}_I + \sum_{I \in \mathrm{Stip}} N_I^u(x) \sum_{l=1}^{4} F_l(x) \boldsymbol{b}_I^l \quad (2\text{-}13)$$

式中，Sall 为所有有限元节点的集合；Sfrac，Stip 分别为 Heaviside 扩充节点集合和裂缝尖端扩充节点集合；$\boldsymbol{u}_I$ 为常规有限元节点的自由度；$\boldsymbol{a}_I$，$\boldsymbol{b}_I^l$ 分别为 Heaviside 扩充节点和裂缝尖端节点自由度；$N_I^u(x)$ 为 I 节点的常规有限元形函数；$H(x)$ 为扩充节点的阶跃形函数；$F_l(x)$ 为裂缝尖端的位移场。

阶跃扩充形函数 H 描述了 Heaviside 扩充节点的位移行为，其表达式为：

$$H(x) = \begin{cases} 1, & (x - x^*) \cdot \boldsymbol{n} \geqslant 0 \\ -1, & (x - x^*) \cdot \boldsymbol{n} < 0 \end{cases} \quad (2\text{-}14)$$

式中，x，x^* 分别为高斯节点和靠近高斯节点的节点；$\boldsymbol{n}$ 为 x^* 节点上垂直于裂缝的单位向量。其中 $H(x)$ 等于 1 或者 -1 分别代表了裂缝面的两个相反方向。

裂缝尖端的位移场可以用裂缝尖端形函数 $F_l(r, \theta)$ 进行求解，其渐进方程可以表示为如下形式 [118]：

$$F_l(r, \theta) = \left[\sqrt{r}\sin\frac{\theta}{2}, \sqrt{r}\sin\frac{\theta}{2}\sin\theta, \sqrt{r}\cos\frac{\theta}{2}, \sqrt{r}\cos\frac{\theta}{2}\sin\theta \right] \quad (2\text{-}15)$$

式中，r，θ 分别为原始坐标系下的裂缝尖端的极坐标。

本研究将黏聚力模型与扩展有限元模型结合建立全耦合的水力压裂模型，可以模拟常规储层水力裂缝任意路径的扩展。为了处理单元断裂过程中的不连续性行为，扩展有限元引入了额外的虚拟节点，同时引入孔压节点自由度来描述多孔介质的孔隙压力。如图 2-1 所示，蓝色实线代表水力裂缝，可以穿过单元，也可以在单元边界上。单元未发生断裂时，常规有限元节点和虚拟节点固定在同一个节点位置，当单元发生断裂时，虚拟节点将不再与实节点绑定在一起，而是相互分开；孔压节点则在单元中间，模拟水力压裂过程中流体流动压力。

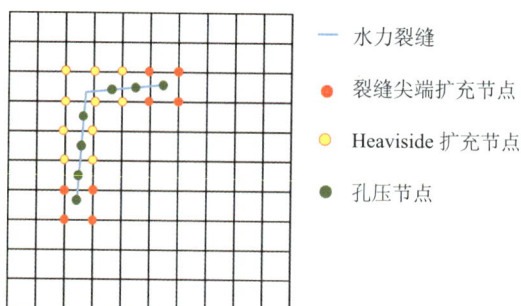

图2-1　水力裂缝扩展有限元示意图

2.5　裂缝起裂扩展准则

水力裂缝扩展是一个复杂的多物理场耦合的力学问题，水力压裂过程中压裂液进入地层，在井底形成高压，当压力达到岩石破裂压力时，岩石破裂形成裂缝。随着压裂液的注入，裂缝尖端应力会随着压裂过程逐渐升高，当裂缝尖端应力达到材料变形强度时，裂缝将会扩展一段距离。本节引入黏聚力模型来模拟裂缝的扩展过程，而裂缝的扩展行为由无因次断裂韧性所计算的裂缝扩展区类型决定。根据无因次断裂韧性的大小，裂缝扩展区可以分为流体黏性主导扩展和岩石断裂韧性主导扩展。当无因次断裂韧性较小时，裂缝扩展区为流体黏性主导扩展，其特点为使裂缝面张开所消耗的能量远远小于流体中的能量耗散；当无因次断裂韧性较大时，裂缝扩展区为岩石断裂韧性主导扩展，流体中能量的耗散将远小于裂缝面张开的能量耗散，而黏聚力模型对黏性主导和韧性主导裂缝扩展均具有较高的准确性[88,161,162]。

裂缝扩展整个过程是黏性主导扩展和韧性主导扩展的复合过程。在裂缝扩展初期，韧性主导往往占重要地位；而随着裂缝面扩大，缝内流体能量耗散增大，黏性主导起主要作用。黏聚力模型的引入能很好地解决水力压裂问题中的非线性力学行为。黏聚力模型的力学行为通过牵引 - 分离本构模型来描述，材料损伤主要包括初始损伤过程和损伤演化过程。初始损伤是在黏聚力单元加载荷后，满足初始损伤条件而开始损伤，根据损伤演化准则，当材料完全损伤时才形成裂缝。

2.5.1 黏聚力单元损伤前本构

在黏聚力单元出现损伤之前，其承受的应力与应变满足弹性关系，其刚度矩阵可以表示为：

$$t = \begin{Bmatrix} t_n \\ t_s \\ t_t \end{Bmatrix} = \begin{bmatrix} K_{nn} & K_{ns} & K_{nt} \\ K_{ns} & K_{ss} & K_{st} \\ K_{nt} & K_{st} & K_{tt} \end{bmatrix} \begin{Bmatrix} \varepsilon_n \\ \varepsilon_s \\ \varepsilon_t \end{Bmatrix} = \frac{1}{T^{\mathrm{coh}}} \boldsymbol{K}\boldsymbol{\delta} \tag{2-16}$$

式中，t 为黏聚力单元面的分离应力张量；t_n，t_s，t_t 分别为正应力及两个方向的剪应力；$\boldsymbol{\delta}$ 为界面分离量；T^{coh} 为黏聚力单元的初始开度，用于计算单元刚度；$\boldsymbol{K}$ 为单元的刚度；ε_n，ε_s，ε_t 分别为单元法向、第一切向和第二切向的应变，可用下式表示：

$$\varepsilon_n = \frac{d_n}{T_0}, \quad \varepsilon_s = \frac{d_s}{T_0}, \quad \varepsilon_t = \frac{d_t}{T_0} \tag{2-17}$$

式中，d_n，d_s，d_t 分别为单元的法向位移和两个切线方向的位移；T_0 为黏聚力单元的初始本构厚度。

2.5.2 裂缝起裂准则

裂缝起裂和扩展准则是水力裂缝模型的重要组成部分，用于确定裂缝的扩展范围。在水力压裂模拟中，压裂判据的选择在很大程度上取决于对地层进行离散化所采用的具体数值方案。在离散断裂方法中，通常采用线弹性断裂力学（LEFM）和黏聚力模型（Cohesive Zone Model，CZM）。而 LFEM 和 CZM 包含多种判定准则，主要描述为当应力应变条件达到所选定的初始损伤条件，材料的承载能力降低，刚度退化。黏聚力模型常用的起裂准则有最大正应力准则、最大名义应力准则、二次名义应力准则、最大名义应变准则和二次名义应变准则。

2.5.2.1 最大正应力准则

在常规储层中，没有天然裂缝存在，水力裂缝以张拉裂缝为主，此时最大正应力准则较为适用。该准则认为，当正应力达到材料临界值时损伤开始，黏聚力单元开始起裂，最大正应力准则如下式：

$$f = \left\{ \frac{\langle \sigma_{\max} \rangle}{\sigma_{\max}^0} \right\} \tag{2-18}$$

式中，$\sigma_{\max}^0$ 为最大临界主应力；$\langle \rangle$ 为 Macaulay 括号，表示在纯压缩的状态下单元不会发生起裂。

最大正应力准则说明应力比例 f 达到 1 时损伤开始。

2.5.2.2 最大名义应力准则

最大名义应力准则假设黏聚力单元任意方向的应力达到其极限值时单元起裂，其表达式如下 [93]：

$$\max \left\{ \frac{\langle t_n \rangle}{t_n^0}, \frac{t_s}{t_s^0}, \frac{t_t}{t_t^0} \right\} = 1 \tag{2-19}$$

式中，t_n，t_s，t_t 分别表示黏聚力单元正应力和两个方向的切应力；t_n^0，t_s^0，t_t^0 分别表示黏聚力单元法向临界应力（抗拉强度）和两个切向方向的临界应力。

2.5.2.3 二次名义应力准则

二次名义应力准则认为，当名义应力与临界应力比值的平方和等于 1 时，黏聚力单元开始出现损伤。在大规模发育的天然裂缝储层中，天然裂缝不仅仅出现张拉裂缝，而多以剪切破坏的形式存在，因此本节在模拟大规模天然裂缝发育储层缝网形成规律时采用该准则进行判断，其表达式可写为[163]：

$$\left(\frac{\langle t_n \rangle}{t_n^0}\right)^2 + \left(\frac{t_s}{t_s^0}\right)^2 + \left(\frac{t_t}{t_t^0}\right)^2 = 1 \tag{2-20}$$

2.5.2.4　最大名义应变准则

最大名义应变准则假设当任意方向的应变达到单元的临界应变值时单元起裂，其表达式如下：

$$\max\left\{\frac{\langle \varepsilon_n \rangle}{\varepsilon_n^0}, \frac{\varepsilon_s}{\varepsilon_s^0}, \frac{\varepsilon_t}{\varepsilon_t^0}\right\} = 1 \tag{2-21}$$

式中，ε_n, ε_s, ε_t 分别为单元的正应变和两个切向方向的切应变；ε_n^0, ε_s^0, ε_t^0 分别为单元的临界法向应变和两个切向方向的临界应变。

2.5.2.5　二次名义应变准则

二次名义应变准则假设当任意方向的名义应变与该方向的临界应变比值的平方和达到 1 时，单元起裂，其表达式为：

$$\left(\frac{\langle \varepsilon_n \rangle}{\varepsilon_n^0}\right)^2 + \left(\frac{\varepsilon_s}{\varepsilon_s^0}\right)^2 + \left(\frac{\varepsilon_t}{\varepsilon_t^0}\right)^2 = 1 \tag{2-22}$$

2.5.3　损伤演化准则

损伤演化准则是用来描述材料满足特定的起裂条件后开始损伤演化的过程，如图 2-2 所示。黏聚力单元一般采用刚度退化来描述单元的损伤演化过程，其中采用标量 D 表示材料的损伤程度，当损伤发生时，D 为 0~1，其应力分量表达式为[91]：

$$t_n = \begin{cases} (1-D)T_n, & T_n \geqslant 0 \\ T_n, & T_n < 0 \end{cases}$$
$$t_s = (1-D)T_s$$
$$t_t = (1-D)T_t \tag{2-23}$$

式中，T_n，T_s，T_t 分别为未发生损伤时牵引 - 分离定律所计算的法向和两个切向方向名义应力，当 $D=1$ 时，材料完全损伤，单元断裂。其中 D 与位移之间的关系可以表达为[164]：

$$D = \frac{\delta_m^f (\delta_m^{\max} - \delta_m^0)}{\delta_m^{\max} (\delta_m^f - \delta_m^0)}$$ （2-24）

式中，δ_m^f，δ_m^0 分别表示完全破裂和初始起裂时的位移；$\delta_m^{\max}$ 表示损伤演化过程中的最大位移。有效位移 δ_n 的计算方式为：

$$\delta_n = \sqrt{\langle \delta_n \rangle^2 + \delta_s^2 + \delta_t^2}$$ （2-25）

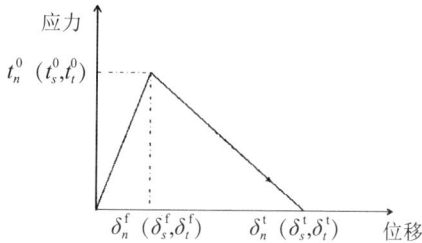

图2-2　黏聚力单元模型牵引分离定律准则

对于混合模式损伤演化过程，在 ABAQUS 软件中往往采用能量方式来描述。幂律形式的损伤模式在数值模拟中较为常用，其表达式如下：

$$\left\{\frac{G_n}{G_n^C}\right\}^\alpha + \left\{\frac{G_s}{G_s^C}\right\}^\alpha + \left\{\frac{G_t}{G_t^C}\right\}^\alpha = 1$$ （2-26）

式中 G_n，G_s，G_t 分别表示单元法向和两个切向方向的断裂能；G_n^C，G_s^C，G_t^C 分别表示单元法向和两个切向方向的临界能量释放率；α 为材料常数。

本节采用如图 2-3 所示的 Benzeggagh-Kenane（BK）能量准则

来描述单元的损伤演化过程，当第一切向断裂能和第二切向断裂能
相等时，BK 准则表达式为[165]：

$$G_n^{\mathrm{C}} + (G_s^{\mathrm{C}} - G_n^{\mathrm{C}})\left(\frac{G_s + G_t}{G_n + G_s + G_t}\right)^{\eta} = G^{\mathrm{C}} \qquad (2\text{-}27)$$

式中，η 为材料常数；G^{C} 为损伤演化过程中总断裂能。

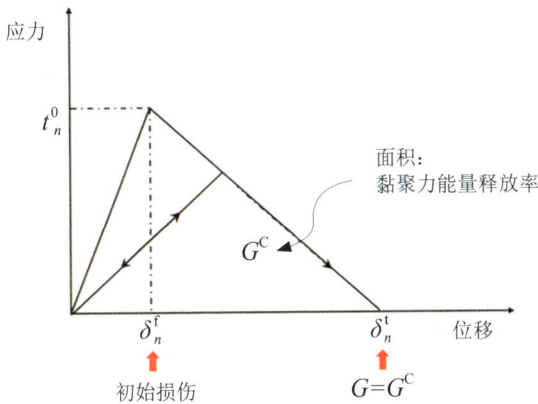

图2-3　黏聚力单元能量释放率损伤演化准则

2.5.4　流体缝内流动准则

润滑理论捕获沿水力裂缝的压降，该理论易于实现，计算成本
低。因此，它已成为水力压裂模拟中应用最广泛的流体模型。泊肃
叶定律只适用于层流，层流是水力压裂过程中的主要流态。然而，
在水力压裂中，由于压裂液的注入速率和其自身的物理特性在较大
范围内变化，也可能发生紊流。本节主要采用黏聚力理论来研究裂
缝的起裂和扩展，在黏聚力单元中的流动分为两个部分：缝间的切
向流动和裂缝面法向流动。如图 2-4 所示，黏聚力单元内流体均假
设为不可压缩牛顿流体，且切向流动的流速由润滑方程计算，其质

量守恒方程可以写成如下形式[166,167]：

$$q = -\frac{w^3}{12\mu}\Delta p_{\mathrm{f}} \tag{2-28}$$

式中，q 为切向流的流速；w 为裂缝宽度；μ 为压裂液流体黏度；Δp_{f} 为黏聚力单元切线方向的压降。同时，黏聚力模型也考虑了裂缝壁面向岩石基质方向的渗流，其表达式如下[83]：

$$\begin{aligned} q_{\mathrm{t}} &= c_{\mathrm{t}}(\,p_{\mathrm{i}} - p_{\mathrm{t}}\,) \\ q_{\mathrm{b}} &= c_{\mathrm{b}}(\,p_{\mathrm{i}} - p_{\mathrm{b}}\,) \end{aligned} \tag{2-29}$$

式中，q_{t}，q_{b} 分别为单元上下壁面法向滤失流速；c_{t}，c_{b} 分别为单元上下壁面的滤失系数；p_{t}，p_{i} 分别为单元上下壁面的孔隙压力；p_{b} 为黏聚力单元中间孔压节点的孔隙压力。

根据缝内流体流动的质量方程，联立式（2-28）和式（2-29），则缝内流体流动的连续性方程可表示为[162]：

$$\left(\frac{\partial w}{\partial t} - \frac{1}{12\mu}\nabla\right)w^3\Delta p_{\mathrm{f}} + c_{\mathrm{t}}(\,p_{\mathrm{i}} - p_{\mathrm{t}}\,) + c_{\mathrm{b}}(\,p_{\mathrm{i}} - p_{\mathrm{b}}\,) = Q(t)\delta(x,y) \tag{2-30}$$

黏聚力单元

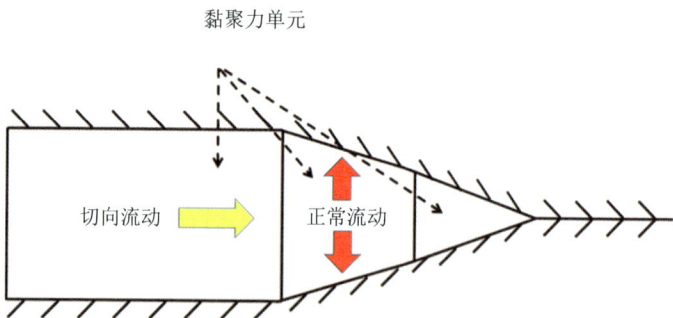

图2-4　黏聚力单元缝内流体流动方式示意图

2.6　本章小结

本章基于断裂力学及流体力学基本原理，回顾了水力压裂流 - 固耦合模型的控制方程及推导过程；简要介绍了岩石多孔介质特性、岩石基质内流体连续性，及裂缝扩展的起裂和损伤演化过程，为本书数值方法的选用提供了重要的理论支撑。此外，对水力裂缝扩展流 - 固耦合控制方程进行了简要描述，介绍了不同裂缝扩展方式下数值方法选择及其实现过程，对后续数值模型建立提供了理论基础。

第3章　重复压裂裂缝转向机理研究

3.1　重复压裂裂缝扩展数值理论及方法

对于常规和非常规储层，水力压裂都是增加储层改造体积最为重要且有效的方法。对于常规储层的初次水力压裂，通常认为水力裂缝是垂直于最小主应力方向扩展的双翼对称平面裂缝。但对于储层重复压裂裂缝而言，由于初次压裂裂缝的存在，储层原始应力场的大小和方向发生明显改变。此外，由于应力敏感性强，水力裂缝容易闭合，导致地下油气开采产量下降快，稳产期短，对开发效果不利。为了恢复或提高此类井的产能，重复压裂技术是主要措施。国内外在重复压裂方面进行了大量的研究和实践，主要涉及重复压裂设计、重复压裂效果评价等。对于致密油藏，水平井体积压裂所对应的储层物性、初始完井效率、生产性能等参数与常规水力压裂完全不同。各因素复杂且相互关联，对重复压裂的影响也各不相同，给重复压裂时机的选择带来很大困难。此外，对于如何系统地确定水平井重复压裂的最佳时机，国内外研究较少。因此，重复压裂二次裂缝的扩展路径往往存在较大未知性和曲折性。

在油气开发中后期，受结垢形成、微颗粒运移、裂缝闭合等因素影响，第一条压裂裂缝导流能力和附近地层渗透率逐渐降低，油气产能明显下降，部分地区难以产油。为了避免储层损害、提高储层最终采收率，重复压裂技术已成为挖掘老井剩余油气潜力的重要途径。20世纪90年代，Elbel和Mack[14]通过实验首次证明了油气井初始压裂可以逆转主应力方向，使原始水平最大主应力方向转变为水平最小主应力方向，这使得重复压裂裂缝垂直于原始最大主应力方向扩展。随后，Wright 等人[15]基于多孔介质的弹性力学理论，从储层压实和裂缝滑移的角度解释了孔隙压力降低引起应力场变化的内在机制，结果表明应力场变化与储层发育有一定关系，储层初始水平主应力差越小，越有利于地应力方向的反转。Roussel 等人[168]验证了应力反转现象，得出充填井周围主应力方向反转 90°的结论，这与 Elbel 所述结论一致。Safari 等人[169]研究发现，由于水平井应力重定向，在填充井压裂过程中，水力裂缝可能会形成弯曲缝或直缝，其形态主要取决于主应力是否反转，这也是水平井重复压裂过程中井底注入压力高于初次压裂时的主要原因，但他们并没有提供一种优化压裂时间的方法。Sangnimnuan 等人[170]建立了基于嵌入离散裂缝模型的渗流 - 地质力学耦合模型，用于表征具有复杂几何裂缝的非常规储层压力衰竭诱发的应力场变化趋势。Kumar 和 Ghassemi[171]建立了三维全耦合模型，模拟了生产引起的应力重定向行为，得到了受应力重定向影响的填充井裂缝扩展轨迹。Sangnimnuan 等人[170]通过研究裂缝性储层压力枯竭后的压力和应力分布，发现应力反转对重复压裂方法的选择有显著影响。Zhu 等人[172]结合 ECLIPSE 软件和 ABAQUS 软件，提出了致密砂岩油藏注采开发过程中多个物理场四维地应力演化的数值模拟方法。Guo 等人[173]也指出，生产应力场的变化对重复压裂的设计非常重要，但从应力演化的角度来看，他们并没有提供重复压裂的最佳时机。在老井重复压裂时间优化中还存在应力重定向规律不明确、优化方法不完善等问题。

重复压裂过程中裂缝扩展是影响储层改造效率的关键因素，而裂缝扩展形态决定了最终储层改造体积。基于此，大量学者采用理论、实验及数值模拟方法对重复压裂过程中裂缝扩展进行了研究。比如在重复压裂实验中，学者们定性研究了水平应力差、压裂液注入量、天然裂缝几何形态及物理力学性质、支撑剂用量、暂堵剂用量对重复压裂过程中裂缝扩展及最终形态的影响。在数值模拟中，FEM、DEM、BEM 及 XFEM 等数值模拟方法已广泛应用于重复压裂裂缝扩展的模拟。Huang 等人[174]的研究表明，通过重复压裂现有射孔，可以产生更宽、更短的裂缝。Rezaei 等人[175]提出了一种二维全耦合孔隙弹性位移不连续方法，用以模拟压力枯竭区两条母裂缝之间子裂缝的整个扩展过程。他们发现，有效的重复压裂可以在特定的时间范围内得以实现。Li 等人[176]采用孔隙压力黏聚力模型建立了暂堵分段压裂数值模型，研究了水平应力差、岩石渗透率、抗拉强度、杨氏模量、压裂液注入速率、簇间距和射孔簇数对裂缝扩展的影响。他们发现，随着水平应力差、岩石渗透率和杨氏模量的增加，裂缝扩展路径会迅速偏离初始裂缝方向。压裂液高注入速率提高了暂堵重复压裂的压裂效果，但这些二维模型没有考虑裂缝高度的扩展。Zou 等人[177]基于三维有限离散元法，利用可忽略渗透率的堵塞裂缝单元表征裂缝中的暂堵剂，模拟了裂缝性地层中的裂缝扩展过程，详细记录了不同条件下暂堵前后注入压力的变化规律。然而，在他们的研究中，裂缝高度是恒定的，没有考虑地层压力的分布。Guo 等人[173]考虑不同生产时间下的应力敏感性，建立了重复压裂产能模型，优化了暂堵次数和暂堵剂用量。Shah[178]计算了暂堵重复压裂过程中多簇裂缝的流体和支撑剂分布，该研究中压裂液的分布是不均匀的，在 20 个簇的裂缝中，压裂液在根部最多。该研究表明，减小重复压裂段长度，增加暂堵剂的使用频率，可以防止优势裂缝的过度扩展，促进多簇裂缝的均匀延伸。上述研究揭示了重复压裂过程中裂缝扩展的规律，明确了影响二次裂缝扩展的主控因素，为现场压裂施工方案的设计提供了重要的理论及技术依据。然而，在重复压裂研究中，由于长期生产和注入清水造成的非均质地层压力变化很少被考虑，因此，在非均匀地层压力的影响下，原始地应力场的分布及裂缝的扩展行为亟待进一步研究。此外，考虑到临时封堵时暂堵剂的应用，模拟优势裂缝的封堵和新裂缝的生成，目前还很少有临时封堵重复压裂的三维数值模型。因此，暂堵重复压裂的关键操作参数，特别是暂堵时间和次数对多裂缝平衡扩展和重复压裂增产效果的影响尚不清楚。

数值模拟方法已广泛应用于直井和水平井的重复压裂裂缝扩展研究，而室内实验主要通过封堵原有裂缝进行压裂实验，对重复压裂二次裂缝扩展形态进行评估。Wang 等人[179]研究了三种封堵方式，即端封堵、部分封堵和完全封堵对重复压裂裂缝扩展形态的影响；讨论了压力特性、最佳暂堵次数、弱胶结和层间界面等因素的影响；研究了暂堵压裂过程中暂堵剂物理特性、压裂液黏度、地应力和压裂液注入方案对注入压力响应和合成裂缝几何形状的影响。Li 等人[176]在室内物理模拟实验中使用纤维暂堵剂临时封堵重复压裂裂缝，定性评价了水平应力差、初始压裂液注入速率及初始裂缝对重复压裂裂缝形态的影响规律。Wang 等人[180]提出了一种研究裂缝中暂堵剂导流封堵特性的新方法，讨论了裂缝几何形状对裂缝内暂堵剂导流能力、封堵能力和封堵速率的影响，优化了不同孔径、不同几何形状裂缝的导流剂配方。上述暂堵重复压裂实验的成功实施，证明了重复压裂工艺的可行性。结果还表明，初始水力压裂对重复压裂有显著影响，然而，由于实验条件的限制，室内实验难以模拟非均匀孔隙压力的情况。孔隙流体压力的变化导致岩石骨架应力和岩石物理参数的变化。然而，孔隙流体的流动和压力分布是一个流 - 固耦合的交互过程，这些因素影响了水力裂缝地层应力场的分布，产生应力重定向效应。因此，重复压裂过程可能在不同于初始裂缝的方向上产生新的裂缝，这种现象有助于储层改造体积的增加和采收率的提高。然而，目前的重复压裂研究并没有充分考虑初始压裂和生产过程后的孔隙压力分布和地应力分布。因此，在暂堵重复压裂过程中，应力及孔隙压裂的重新分布、应力转向等需要着重关注，这也关系到重复压裂二次裂缝扩展的最终形态及储层改造体积。

扩展有限元法（XFEM）可模拟裂缝随机转向扩展，是研究重复压裂二次裂缝扩展及应力场动态分布的重要手段。扩展有限元法应用于重复压裂扩展模拟具有以下优势：（1）相较于 FEM 方法，XFEM 在模拟裂缝扩展过程中不需要重画网格，对裂缝自由扩展及转向扩展的模拟具有较高的准确性；（2）重复压裂过程中由于裂缝扩展，储层原始应力状态发生改变，裂缝形态较为曲折，XFEM 对应力干扰下裂缝扩展路径描述较为准确；（3）考虑了流 - 固耦合的 XFEM 可更准确地模拟水力压裂裂缝扩展过程。基于此，Wang 等人[181]利用 XFEM 模拟了不同地质条件下水平井临时封堵的重复压裂过程。结果表明，近井区首次压裂会改变局部应力场，影响重复压裂裂缝扩展形态，致使重复压裂裂缝在扩展过程中出现过度转向，裂缝形态曲折。Li 等人[176]利用 XFEM 优化了裂缝性储层中重复压裂裂缝簇间距和射孔簇数等参数，结果表明，在进行临时封堵重复压裂时，保持 40m 的裂缝间距会产生复杂的裂缝网络，但裂缝间距越小，裂缝联结现象就越明显。Wang 等人[182]利用 XFEM 研究了不同地质参数对裂缝形态和注入压力的影响。然而，以上关于重复压裂二次裂缝扩展的研究并未充分考虑非均匀孔隙压力场对裂缝扩展的影响。本章通过扩展有限元法建立重复压裂二次裂缝扩展模型，并通过室内真三轴实验对数值方法的准确性进行了验证。通过参数敏感性分析，研究了初次压裂后二次裂缝转向及扩展机理。

3.2 扩展有限元数值方法准确性验证

扩展有限元法是模拟水力压裂裂缝转向较为有效的方法，但对于流 - 固耦合作用下扩展有限元法的准确性仍需验证。本节将室内真三轴水力压裂实验与扩展有限元数值模型结果作对比，以验证扩展有限元模拟裂缝转向的准确性。实验试件采用常规混凝土浇筑的水泥块，其形状为正六面体，尺寸为 300mm×300mm×300mm。实验过程中，采用真三轴应力系统对实验试件进行三轴应力加载，垂向应力为18.4MPa，水平最大主应力为15.1MPa，水平最小主应力为12.3MPa。模型中射孔方位角设置为45°，射孔深度为26mm，井眼直径为10mm。压裂液使用黏度为40MPa·s的胍胶压裂液，压裂液注入速率为$1.6\times10^{-5}\mathrm{m^3/s}$。对于数值模型，采用具有孔隙压力自由度的二维平面应变单元（CPE4P）模型来模拟水力裂缝转向过程。其余数值模型参数如表3-1所示。

表3-1　数值模型参数

模型参数	参数值
模型尺寸	300mm×300mm×300mm
井眼直径	10mm
射孔深度L	26mm
射孔方位角θ	45°
水平最大主应力σ_H	15.1MPa
水平最小主应力σ_h	12.3MPa
垂向应力σ_v	18.4MPa
弹性模量E	16.14GPa
泊松比υ	0.18
抗拉强度σ_t	2.2MPa
断裂能G^C	28N/mm
渗透率k	15mD
孔隙度φ	0.12
流体黏度μ	40MPa·s
压裂液注入速率Q	$1.6\times10^{-5}\mathrm{m^3/s}$

室内实验和数值模拟结果表明，在水力压裂过程中，水力裂缝均从射孔方位起裂，并随着压裂液的进入发生转向，最终转向至水平最大主应力方向扩展。如图3-1所示，室内实验和数值模拟的裂缝扩展路径和裂缝形态基本吻合，说明扩展有限元法能准确模拟裂

缝转向过程。此外，为了进一步验证模型的准确性，本节将实验和模型的井底注入压力进行对比，结果如图 3-2 所示。结果表明，数值模拟和实验结果井底注入压力曲线吻合较好，其破裂压力分别为18.4MPa 和 18.2MPa，在整个压裂过程中，数值模拟和室内实验井底注入压力相对误差值不超过 3%，具有较高的准确性。因此，全耦合的扩展有限元数值模型能够准确模拟水力压裂裂缝扩展问题。

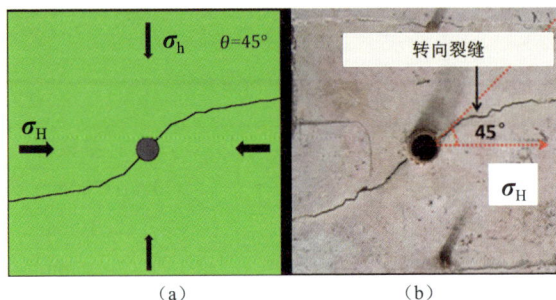

图3-1　室内实验和数值模型水力裂缝形态对比

（a）数值模型水力裂缝形态；（b）室内实验水力裂缝形态

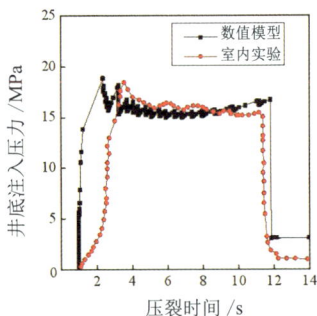

图3-2　数值模型和室内实验井底注入压力对比

3.3　重复压裂模型结构与验证

为了研究重复压裂二次裂缝的转向扩展机理，本章构建了一个二维重复压裂裂缝扩展模型。模型使用预制初次压裂裂缝的形式，将初次压裂裂缝固定于模型中，并且假设初次裂缝始终沿水平最大主应力方向扩展。初次压裂后，假定初次裂缝为对称双翼平面裂缝，其裂缝平均宽度为10mm，单翼裂缝在地层中的扩展长度为40m。模型使用二维孔压单元，模拟岩石基质的弹性变形及多孔介质流体渗流过程，同时将整个模型进行单元尺寸局部细化，以保证裂缝扩展精度。经过优化过后的模型，包含28274个平面应变孔压单元（CPE4P），并在全局范围内进行裂缝扩展模拟，其中模型及网格划分方式如图3-3所示。

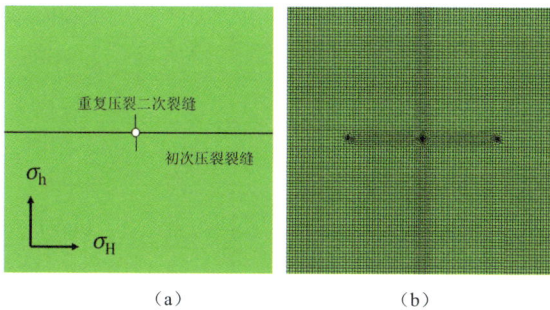

图3-3 重复压裂模型及网格划分示意图

（a）初次裂缝和射孔方位；（b）模型网格划分示意图

本模型基于有限元 ABAQUS 软件，使用 Standard 隐式求解器进行计算，对流 - 固耦合模型使用 Geostatic 和 Soil 分析步进行迭代求解。为了消除边界条件的影响，重复压裂采用足够大的模型尺寸即200m×200m。其余模型参数通过岩石力学实验获得[183]，如表 3-2 所示。为了保证裂缝扩展的准确性，初次压裂后将模型边界及初次压裂裂缝面施加固定的孔隙压力值，并将节点位移自由度固定以模拟支撑剂支撑。类似地，模型边界位移自由度也被固定。

表3-2 数值模型参数表

模型参数	参数值
模型尺寸	200m×200m
井眼直径	10cm
射孔深度L	0.1~0.6m
射孔方位角θ	0°~90°
水平最大主应力σ_H	15~25MPa
水平最小主应力σ_h	15MPa
垂向应力σ_v	25MPa
弹性模量E	12.79GPa
泊松比υ	0.25
抗拉强度σ_t	1.82MPa
断裂能G^C	28N/mm
渗透率k	10mD
滤失系数c	1×10^{-14}m/（Pa·s）
孔隙度φ	0.25
流体黏度μ	1~100MPa·s
压裂液注入速率Q	3×10^{-4}~13×10^{-4}m³/s
初始孔隙压力P	10MPa

　　为准确描述重复压裂裂缝的转向及扩展过程，本模型作如下假设：（1）压裂目标储层为不发育天然裂缝的均质孔压弹性储层；（2）初次压裂裂缝沿水平最大主应力方向扩展；（3）初次压裂后，整个模型孔隙压力和应力分布达到稳定状态；（4）初次裂缝平均裂缝宽度为10mm，储层扩展长度为40m。本章所作假设均可与现场实践相对应。

　　为了定量研究重复压裂二次裂缝的转向特性，本章定义了考虑初次裂缝影响范围的裂缝偏转角，如图3-4所示：（1）将射孔根部作为起始点；（2）从射孔根部开始，分别向两端作一条平行于初始裂缝的虚线 l_1（长度分别取初始裂缝 1/2 长度——20m 和初始裂缝 1/4 长度——10m）；（3）从初始裂缝 1/2 长度处及初始裂缝 1/4 长度处分别作一条垂直于初始裂缝的虚线与转向裂缝相交，取相交点为终点；（4）连接初始点形成直线 l_2，则 l_1 和 l_2 形成的夹角为新的裂缝偏转角。两个偏转角分别被定义为 θ_1 和 θ_2。相比之前文献定义的裂缝偏转角，该定义方法可以有效考虑初始裂缝长度对转向裂缝形态的影响。

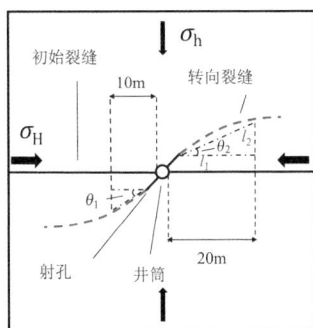

图3-4　裂缝偏转角示意图

为验证本章模型模拟重复压裂裂缝形态的准确性，将数值模拟结果与室内真三轴实验进行对比。实验室使用真三轴应力系统加载三向应力，真实模拟地层应力分布状态，其中垂向应力、水平最大主应力、水平最小主应力大小分别为 15MPa、7.5MPa、5MPa。压裂液注入速率为 10mL/min。其他人工控制参数与 Wang 等人[184] 使用的模型参数相同。室内实验与数值模拟结果对比如图 3-5 所示，其中数值模型和室内真三轴实验中二次裂缝都从垂直于初始裂缝的方向起裂，并沿原始水平最小主应力方向扩展（原始水平应力差为 2.5MPa）。此外，数值模型和实验模拟的二次裂缝形态及扩展路径在整个模拟过程中几乎一致。说明本章采用的扩展有限元重复压裂模型能够准确模拟重复压裂过程中裂缝动态扩展及急速转向过程，所得数值模型能够对现场压裂施工方案设计提供理论依据及实践基础。

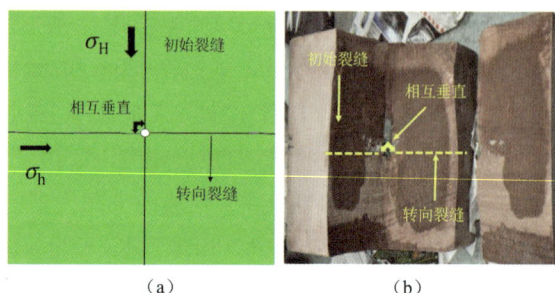

（a）　　　　　　　　　　　（b）

图3-5　数值模拟和室内实验对比图

（a）扩展有限元数值模型裂缝形态；（b）室内真三轴实验裂缝扩展形态

3.4　数值模拟结果及分析

为了准确描述影响重复压裂二次裂缝扩展形态的相关控制参数，本节建立了 6 组模型并对不同影响因素进行了敏感性分析。通过改变模型的射孔方位角、水平应力差、压裂液注入速率、压裂液黏度、二次裂缝起裂位置及射孔深度来模拟不同状态下二次压裂转向裂缝的扩展路径及裂缝形态。

3.4.1　射孔方位角的影响

在水力压裂现场实践中，射孔方位角对水力裂缝的起裂具有很强的引导作用。常规水力裂缝一般从射孔方位起裂，然后沿水平最大主应力方向扩展。而当储层进行重复压裂时，初次压裂裂缝的存在会改变近井筒地带应力分布条件，使二次裂缝扩展路径变得极为曲折。本节建立了 6 组不同射孔方位角的重复压裂模型，二次压裂裂缝的射孔方位角 θ 分别为 15°、30°、45°、60°、75° 和 90°。射孔深度、压裂液注入速率、压裂液黏度和水平应力差为常量，其值分别为：$L=0.5\text{m}$，$Q=7\times10^{-4}\text{m}^3/\text{s}$，$\mu=1\text{MPa·s}$，$\delta\sigma=6\text{MPa}$。数值模拟结果如图 3-6 所示。结果表明，射孔方位能明显改变二次压裂裂缝的转向过程及裂缝形态的复杂程度。传统压裂中,裂缝往往从射孔方位起裂,随后沿阻力最小的方向扩展(原始水平最大主应力方向)。而重复压裂则不同,由于初次压裂裂缝的存在,原始应力场的大小和方向发生改变,二次裂缝将不再沿原始水平最大主应力方向扩展,而是沿重定向后的水平最大主应力方向扩展。

　　二次压裂裂缝从射孔方向起裂,并沿射孔方向扩展,在延伸至地层一定深度后最终转向至原始水平最大主应力方向。随着射孔方位角的增加,二次裂缝弯曲程度越大,相同压裂液泵注方案下完成转向所需的时间越长。造成这种现象的主要原因是初次裂缝被支撑剂支撑,产生的诱导应力可以在一定范围内改变地层的初始应力场,使原始地应力的方向和大小发生改变。但这种影响往往只存在于靠近初始裂缝的地层区域,因此,当二次裂缝扩展超出应力干扰范围后,诱导应力场影响逐渐减弱,最终完成转向并沿原始水平最大主应力方向扩展。结果表明,射孔方位角只在压裂初期影响裂缝的转向形态,而在裂缝扩展后期几乎不对裂缝扩展形态造成影响[185]。

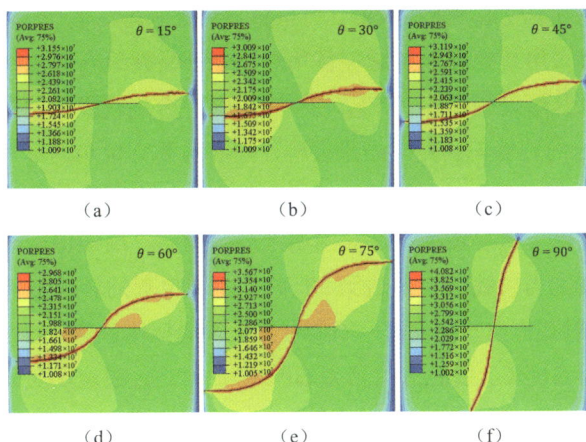

图3-6　不同射孔方位角下重复压裂裂缝转向形态(单位:Pa)

PORPRES—富集单元的孔隙压力

当射孔方位角不大于 60° 时，如图 3-6（a）~（d）所示，二次压裂裂缝会在压裂初期快速完成转向，形成的裂缝弯曲程度较低，导致重复压裂二次裂缝未能有效延伸至地层深处，沟通未动用储层的效率降低。然而，当射孔方位角大于 60° 时，如图 3-6（e）、（f）所示，二次裂缝在压裂后期才能完成转向，裂缝转向半径大，弯曲程度复杂。因此，当射孔方位角增大，二次压裂裂缝完成转向所需要的时间增加，其扩展转向阻力增大，裂缝扩展所需要的缝内压力也就越大。当射孔方位角为 75° 和 90° 时，二次裂缝最大缝内压力（分别为 35.67MPa 和 40.08MPa）明显高于其他射孔方位角下二次裂缝缝内压力值。特别地，当射孔方位角 θ=90° 时，二次压裂裂缝在近井筒地带几乎沿着垂直于初次裂缝的方向扩展，在延伸至地层深处时才开始发生转向。因此，初始裂缝的存在能明显改变近井筒地带的水平应力分布，使得一定地层范围内的初始应力场重定向，裂缝扩展路径和形态也随之发生改变。现场压裂施工时，为了使二次裂缝延伸至储层更深处，应增加裂缝的有效长度及波及面积，最大限度地沟通未动用储层，完井方案应该尽量在大射孔方位角下完成射孔。

本节采用新定义的裂缝偏转角对重复压裂裂缝转向机制进行定量研究，其结果如图 3-7 所示。其中 θ_1 和 θ_2 分别代表初始裂缝 10m 及 20m 处的裂缝偏转角。结果表明，随着射孔方位角的增大，θ_1 和 θ_2 明显增大。因此，大的射孔方位角可以使二次压裂裂缝弯曲幅度更大，延伸至储层深处，这对沟通未动用储层、增加储层改造体积极为有利。当射孔方位角达到 90° 时，不同位置的裂缝偏转角也接近 80°。射孔方位角相同时，不同位置处裂缝偏转角差异较小，最大差值仅为 6.1°（当射孔方位角为 60° 时）。因此，在现场实践中，大射孔方位角是较优选择。特别是当水平应力差较低时，初次裂缝的存在能明显改变近井筒地带地应力的大小和方向，使得二次压裂裂缝背离初次裂缝并延伸至储层深部，沟通更多未动用储层，提高重复压裂造缝效率。

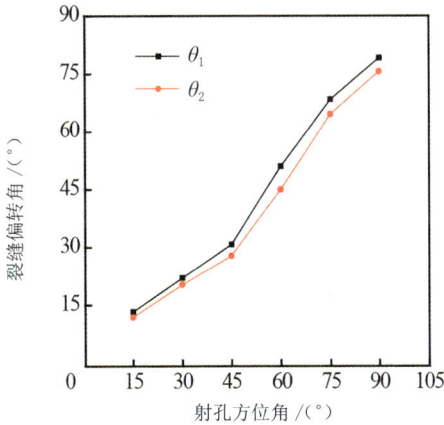

图3-7　射孔方位角与裂缝偏转角的关系曲线

3.4.2　水平应力差的影响

水平应力差决定着二次压裂裂缝的扩展形态，在裂缝转向过程中起着决定性作用[186,187]。因此，研究水平应力差对裂缝转向过程的影响机理极为重要。本节建立了 6 组不同水平应力差下的重复压裂裂缝扩展模型，对二次压裂裂缝形态影响因素进行敏感性分析。其水平应力差值 $\delta\sigma$ 分别为 0MPa、2MPa、4MPa、6MPa、8MPa、10MPa。压裂液注入速率、压裂液黏度、射孔深度、射孔方位角分别设定为 $Q=7\times10^{-4}\mathrm{m^3/s}$，$\mu=1\mathrm{MPa \cdot s}$，$L=0.5\mathrm{m}$，$\theta=60°$。其余地质参数及人工控制参数如表 3-2 所示。数值模拟结果如图 3-8 所示，水平应力差不同，裂缝扩展路径及裂缝形态明显不一致。当水平应力差急剧增大时，二次压裂裂缝从射孔方位起裂后会快速完成转向并沿垂直于原始水平最小主应力方向扩展。

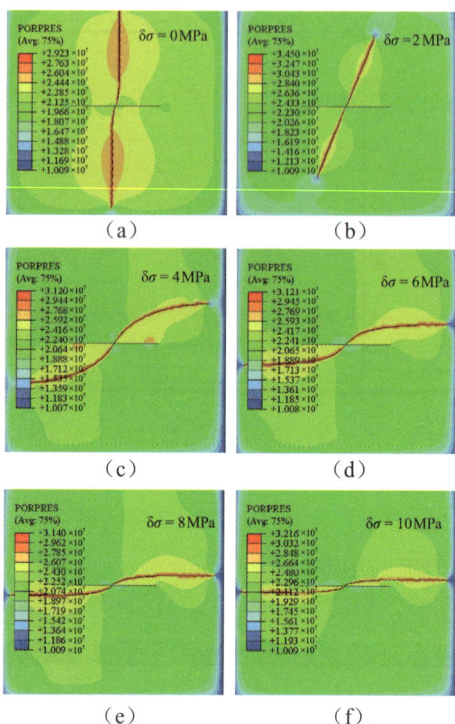

图3-8 不同水平应力差值下重复压裂裂缝转向形态（单位：Pa）

PORPRES—富集单元的孔隙压力

　　如图 3-8（a）所示，当水平应力差 $\delta\sigma$=0MPa 时，二次压裂裂缝从射孔方位起裂后，快速转向并沿垂直于初始压裂裂缝方向扩展。说明初次压裂裂缝使得近井筒地带地应力的大小和方向发生改变，重定向的新应力场最大主应力方向垂直于初次压裂裂缝。如图 3-8（b）所示，当 $\delta\sigma$=2MPa 时，二次压裂裂缝沿射孔方位起裂，但在近井筒地带并未发生转向，而是在压裂初期继续沿射孔方位向地层深处扩展。由以上两个数值模型结果可知，初次裂缝的存在能够明显改变二次裂缝的扩展形态，特别是在低水平应力差下，原始应力场的方向极有可能发生改变（特别是水平应力差小于 2MPa 时），应力场发生重定向。

如图 3-8（c）所示，当水平应力差大于 4MPa 时，重复压裂二次裂缝更容易发生偏转，也更快完成转向，最终沿水平最大主应力方向扩展。但当水平应力差足够大时，原始水平最大主应力的方向也就不会发生改变。这种情况下（一般认为水平应力差大于 8MPa），继续增加水平应力差对裂缝扩展形态影响不大。

此外，如图 3-9 所示，随着水平应力差的增加，裂缝偏转角 θ_1 和 θ_2 的值不断下降，说明水平应力差越大，裂缝完成转向的时间就越短。但当水平应力差为 0MPa 和 2MPa 时，θ_1 和 θ_2 值的差距较小。随着水平应力差的增加，相同水平应力差下 θ_1 和 θ_2 的值的差距增大。因此，在低水平应力差下，原始应力场的方向发生改变，裂缝在近井筒地带不同位置的偏转程度几乎一致，而在大水平应力差下，二次裂缝起裂后便快速完成转向，导致其在离井筒较远位置裂缝偏转角较小。当水平应力差超过 10MPa 时，裂缝偏转角已经低于 20°，二次裂缝几乎在扩展出射孔位置后便完成转向。现场压裂时，一般希望二次裂缝在离井筒较远的地方仍有较大的偏转角，以便扩展至地层深处，沟通更多未动用储层，增加储层的渗透率。所以，小水平应力差储层进行重复压裂对形成更高效率的二次裂缝是较为有利的，在现场储层评价过程中，需要着重注意储层应力差值及地应力分布状况。

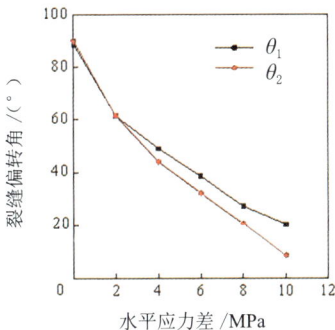

图3-9　水平应力差与裂缝偏转角的关系曲线

3.4.3 压裂液注入速率的影响

压裂液注入速率是现场实践中一个重要的人工控制参数，速率的大小决定了重复压裂二次裂缝的扩展路径。大速率的压裂液注入会使水力裂缝缝内压力急剧升高，裂缝发生转向的概率变小。因此，大速率压裂液泵注方案下，二次压裂裂缝完成转向的时间增加，偏转幅度变大，有利于裂缝延伸至储层深部。为了研究压裂液注入速率对重复压裂二次裂缝形态的影响机制，本节建立了 6 组不同压裂液注入速率下的重复压裂模型，其压裂液注入速率 Q 分别为 $3×10^{-4}m^3/s$、$5×10^{-4}m^3/s$、$7×10^{-4}m^3/s$、$9×10^{-4}m^3/s$、$11×10^{-4}m^3/s$、$13×10^{-4}m^3/s$。射孔方位角、射孔深度、水平应力差和压裂液黏度分别为：$\theta=60°$，$L=0.5m$，$\delta\sigma=6MPa$ 和 $\mu=10MPa\cdot s$。其余人工控制参数及地层参数如表 3-2 所示。

如图 3-10 所示，不同压裂液注入速率下二次压裂裂缝形态和转向行为极为不同。结果表明，压裂液注入速率越大，二次裂缝完成转向的时间越长，裂缝偏转幅度越大，更有利于裂缝扩展至地层深部，沟通深部未动用储层。因此，现场通过增大压裂液注入速率能够增加二次裂缝的有效长度，提高造缝效率。这主要是因为，随着压裂液注入速率的增大，水力裂缝缝内压力增大，扩展速率增加，转向效率降低，在短时间内裂缝难以完成转向。此外，与水平应力差的影响相比，较大的缝内压力容易产生较大的干扰应力以改变原始应力场的大小和方向。因此，较大的压裂液注入速率能加强二次裂缝的扩展能力，增加裂缝的弯曲度，这与 Feng 和 Gray[164] 得出的结论相一致。但过大的缝内压力会增加压裂的风险和成本，现场实践需要着重考虑这一点。在本组模型中，当压裂液注入速率达到 $13×10^{-4}m^3/s$ 时，裂缝内最大压力已经达到 40.13MPa。当压裂液注入速率大于一个定值（$9×10^{-4}m^3/s$）时，增加压裂液注入速率对裂缝形态和扩展路径的影响可以忽略不计。所以在较大压裂液注入速率下，继续增加注入速率可能是得不偿失的。

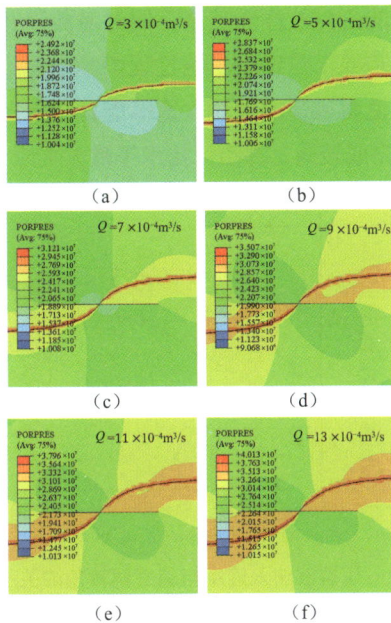

图3-10　不同压裂液注入速率下重复压裂裂缝转向形态（单位：Pa）

PORPRES—富集单元的孔隙压力

图 3-11 为不同压裂液注入速率下裂缝偏转角的变化。数值模拟结果表明，随着压裂液注入速率的增大，裂缝偏转角也快速增大。因此，大压裂液注入速率能明显加剧裂缝的转向行为，增加二次压裂裂缝的转向时间，使其扩展至地层深部。但当压裂液注入速率较大时，即使注入速率增加，裂缝偏转角增加值也会非常有限。本节中，当压裂液注入速率大于 $9\times10^{-4}\mathrm{m}^3/\mathrm{s}$ 时，裂缝偏转角的增加值较小。因此，压裂液注入速率的增大只能在一定范围内增强二次裂缝的转向行为，超过一定值后，其作用就非常有限了。但在此种情况下，持续增加压裂液注入速率会使裂缝内压力急剧上升，导致井底注入压力升高。而高井底注入压力会给压裂设备造成持续负担，增加压裂成本及风险。另外，增加压裂液注入速率能使二次裂缝克服近井筒地带的应力集中效应，减少裂缝的弯曲程度。因此，在适合

范围内选择较大的压裂液注入速率，同时避免高井底注入压力带来的负面影响极为重要。在整个压裂过程中，不同位置的裂缝偏转角差值几乎一致，说明尽管增大注入速率能延长转向时间，但裂缝也会在较短时间内完成转向，并沿原始水平最大主应力方向扩展。

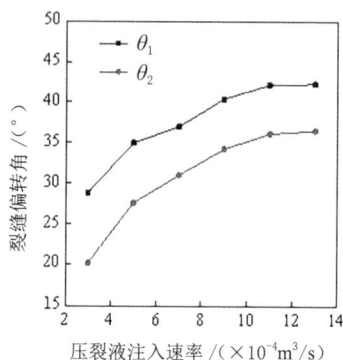

图3-11　压裂液注入速率与裂缝偏转角的关系曲线

3.4.4　压裂液黏度的影响

压裂液黏度是现场压裂需要考虑的一个重要影响因素，其决定了压裂液缝内流动阻力及支撑剂的运移过程[26,188]。本节建立了6组不同压裂液黏度下的重复压裂数值模型，研究了不同工况下裂缝的转向机制，其压裂液黏度 μ 分别为1MPa·s、20MPa·s、40MPa·s、60MPa·s、80MPa·s、100MPa·s。射孔方位角、射孔深度、水平应力差及压裂液注入速率分别为：$\theta=60°$，$L=0.5$m，$\delta\sigma=6$MPa 和 $Q=7\times10^{-4}$m³/s。其余地质及人工控制参数与表 3-2 一致。数值模拟结果表明，压裂液黏度能够明显改变二次裂缝的扩展形态，尤其在黏度较低时，其作用效果较为明显。

如图 3-12（a）所示，当压裂液黏度较低时（$\mu=1$MPa·s），二次压裂裂缝从射孔方位起裂后即发生转向，并快速转向至原始水平最大主应力方向扩展。随着压裂液黏度增加，水力裂缝完成转向所需的时间变长，二次裂缝的弯曲程度也随之增加。说明增加压裂液黏度能增加二次裂缝的造缝效率，形成延伸至储层深部的二次压裂人工裂缝。但随着压裂液黏度的升高，水力裂缝缝内压力急剧升高，如图 3-12（f）所示，当 $\mu=100$MPa·s 时，缝内压力达到了 71.26MPa，这会对压裂设备造成极大的压力，增加压裂成本及风险。同时，随着压裂液黏度的升高，缝内流体流动阻力会急剧升高，支撑剂运移摩阻增大，在实际压裂过程中，这种情况具有较高的风险性。

此外，当压裂液黏度达到一定值时，增加压裂液黏度，二次压裂裂缝的扩展形态及路径几乎不变。在本节数值模型中，当压裂液黏度高于 40MPa·s 时，裂缝形态几乎不再发生改变。这主要是因为超过固定黏度值后，增加黏度仅表现为增加二次裂缝缝内压力，对裂缝扩展形态影响不大。在综合考虑井底注入压力及裂缝形态的基础上，本节建议使用低黏度压裂液进行压裂。因此实践中应该尽量发展低黏度且携沙能力较强的压裂液体系，以满足最大限度增加储层改造体积的同时降低压裂风险的要求。此外，压裂液注入速率和黏度均能较大程度地增加缝内压力，所以在设计压裂方案时应该综合考虑压裂液黏度和注入速率的影响，该结论与 Beugelsdijk 等人 [23] 和 Olson[123] 所得实验结果相一致。

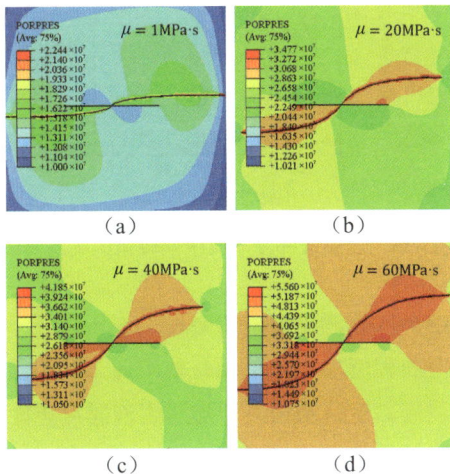

（a）　　　　　　　　　　（b）

（c）　　　　　　　　　　（d）

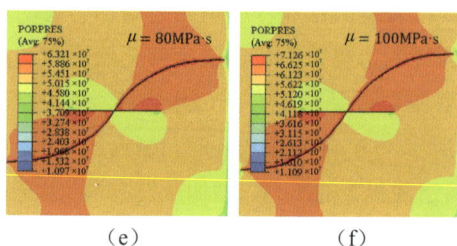

（e）　　　　　　　　　　（f）

图3-12　不同压裂液黏度下重复压裂裂缝转向形态（单位：Pa）

PORPRES—富集单元的孔隙压力

图 3-13 为不同压裂液黏度下重复压裂二次裂缝的裂缝偏转角变化。结果显示，裂缝偏转角随着压裂液黏度的增加明显变大，特别是在低压裂液黏度范围内（1~20MPa·s），其增加幅度较大。但是，当压裂液黏度大于 40MPa·s 时，不同位置裂缝偏转角增加幅度非常小，θ_1 仅从 46.02° 增加到 53.24°。现有研究表明，增加压裂液黏度能明显降低水力裂缝的弯曲程度，形成简单、笔直的平面裂缝[189]。

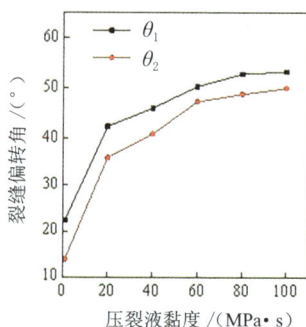

图3-13　压裂液黏度与裂缝偏转角的关系曲线

而在重复压裂中，压裂液黏度增加会使二次压裂裂缝完成转向的时间变长，裂缝弯曲程度增大，更能有效沟通未动用储层。值得注意的是，在低压裂液黏度范围内，增加压裂液黏度更能改变二次裂缝的转向性质，裂缝形态变化更加明显。现场为了有效运移支撑剂常常会使用黏度较高的压裂液，但这样会增大缝内摩阻，导致缝内压力急剧上升，增加水力压裂的危险性。因此，选择适合的压裂液黏度极为重要，根据本节数值模型，当压裂液黏度为 20~40MPa·s 时对形成有效二次压裂裂缝最为有利。

3.4.5　二次裂缝起裂位置的影响

重复压裂通常通过注入暂堵剂，将初次压裂裂缝堵塞从而产生新的裂缝。但对于远场重复压裂而言，二次裂缝将从初次裂缝面上起裂，这种起裂模式对于重复压裂造缝最为有效。本节将上述模型进行修改，假设二次裂缝从初次裂缝面的不同位置起裂，建立了 6 组压裂模型以模拟不同位置起裂的二次裂缝扩展形态。选取距离井筒位置 D' 分别为 5m、10m、15m、20m、25m、30m 处作为二次裂缝的起裂位置。将射孔深度、射孔方位角、压裂液注入速率、压裂液黏度和水平应力差分别设定为：L=0.5m，θ=60°，Q=7×10^{-4}m^3/s，μ=1MPa·s 和 $\delta\sigma$=6MPa。其余控制参数如表 3-2 所示。所有二次裂缝均假设垂直于初次裂缝起裂，随后扩展至地层深部。

数值模拟结果如图 3-14 所示，当起裂位置越靠近井筒时，二次压裂裂缝的转向距离就越大，完成转向的时间就越长。这主要是由于井筒应力集中导致的近井筒地带原始应力场大小和方向发生改变。起裂位置越靠近初始裂缝根部，干扰应力也就越强。但起裂位置的改变对裂缝形态及缝内压力的改变影响不大。

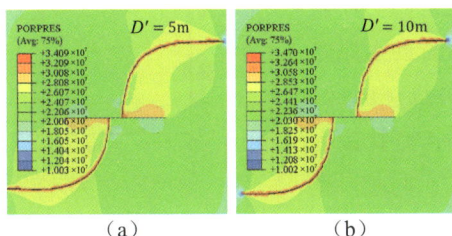

（a）　　　　　　　　（b）

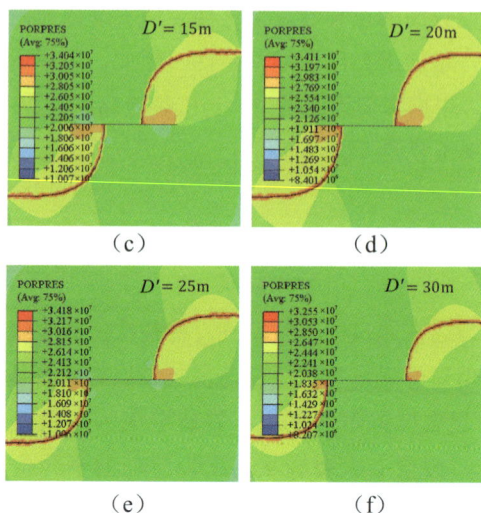

图3-14　不同起裂位置下重复压裂裂缝转向形态（单位：Pa）

PORPRES—富集单元的孔隙压力

　　图3-15为不同起裂位置下裂缝偏转角的变化。随着起裂位置与井筒距离的增加，裂缝偏转角逐渐降低，但下降值非常有限（θ_1：76.61°→73.21°；θ_2：66.83°→62.36°）。然而，θ_1 和 θ_2 之间差值非常明显，说明离裂缝起裂位置越远的区域，受初次压裂裂缝干扰应力的影响就越小。当二次裂缝扩展出初次裂缝长度区域时，裂缝将快速发生转向至原始最大主应力方向。因此，初始裂缝越长，干扰应力影响范围越广。同时，越靠近初次裂缝，原始应力

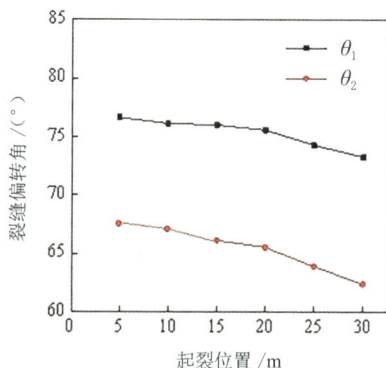

图3-15　起裂位置与裂缝偏转角的变化曲线

场变化越大，裂缝转向越不明显。当选择二次裂缝起裂位置时，应该尽量选择靠近井筒位置，尽量增加初次裂缝扩展长度，这有利于扩大应力干扰范围，使二次裂缝扩展至地层深度，沟通未动用储层。

3.4.6　射孔深度的影响

射孔深度是现场完井方案中需要考虑的一个重要因素，其往往决定了裂缝的起裂方式。为了避免近井筒地带应力集中效应对二次裂缝起裂带来的影响，对射孔深度影响二次裂缝扩展过程作评价极为重要。本节根据单元尺寸划分，建立了 4 个不同射孔深度的重复压裂模型，其射孔深度 L 分别为 0.17m、0.25m、0.39m、0.60m。压裂液注入速率、压裂液黏度和水平应力差分别设定为 $Q=7\times10^{-4}\,\text{m}^3/\text{s}$，$\mu=1\text{MPa}\cdot\text{s}$ 和 $\delta\sigma=6\text{MPa}$。数值模拟结果如图 3-16 所示，随着射孔深度的增加，二次裂缝的扩展形态及转向机制变化不大。通过射孔深度在近井筒地带对裂缝转向行为的影响研究，发现增加射孔深度能够使二次裂缝的转向延迟。因为较大的射孔深度能够穿透近井筒地带的应力集中区域，摆脱近井筒地带应力干扰，形成更直的平面裂缝。因此，当射孔深度穿过近井筒地带应力集中区域时，即使增加射孔深度也不会改变裂缝的扩展形态。

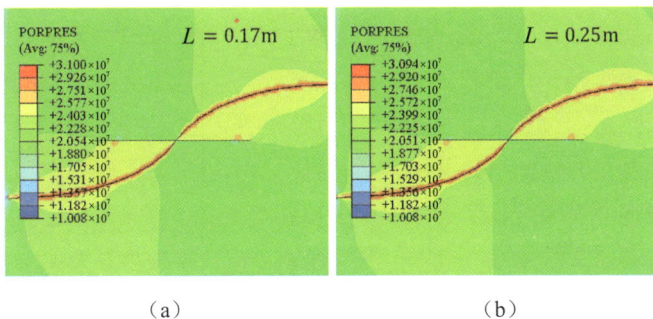

（a）　　　　　　　　　　（b）

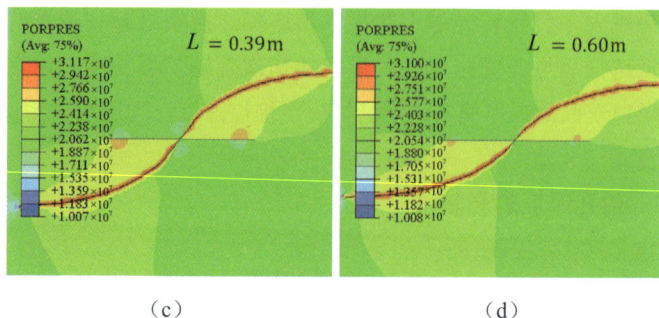

（c） （d）

图3-16 不同射孔深度下重复压裂裂缝转向形态（单位：Pa）

PORPRES—富集单元的孔隙压力

如图 3-17 所示，裂缝偏转角随着射孔深度的增加而增加，但变化值非常小。当射孔深度从 0.17m 增加到 0.60m 时，θ_1 仅仅从 40.36° 增加到 49.54°，而 θ_2 从 38.13° 增加到 45.02°。当射孔深度从 0.25m 增加到 0.39m 时，裂缝偏转角急剧增加。然而，当射孔深度从 0.39m 增加到 0.60m 时，裂缝偏转角变化极小。说明射孔深度影响裂缝起裂形态主要与近井筒地带应力集中效应有关，当射孔深度超过地层应力集中区域时，增加射孔深度对裂缝扩展形态的影响微乎其微。在本模型条件下，当射孔深度超过 0.4m 时，裂缝扩展形态将不受射孔深度的影响。因此本节建议选用的射孔深度应该大于 0.4m，以避免近井筒地带应力集中所带来的影响。

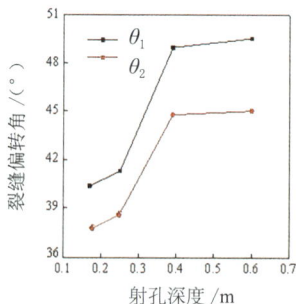

图3-17 射孔深度与裂缝偏转角的关系曲线

3.5　本章小结

本章通过对现有模型进行改进，建立了扩展有限元重复压裂流 - 固耦合数值模型，模拟了近井筒地带重复压裂及远场重复压裂二次压裂裂缝的扩展过程。同时，通过室内真三轴实验验证了扩展有限元法模拟水力压裂裂缝转向及重复压裂模型裂缝扩展的准确性。通过对影响裂缝扩展形态的因素进行敏感性分析，得出以下可指导现场实践的结论：

（1）初次压裂裂缝的存在可以明显改变原始应力场的大小，当水平应力差较小时，还会使原始水平最大主应力方向发生改变。随着水平应力差的增大，二次裂缝从射孔方位起裂后，更容易转向水平最大主应力方向扩展。对于数值模拟中 $\delta\sigma$=2MPa 时，二次裂缝起裂后甚至不会发生偏转，而是沿着射孔方位角向地层深处延伸扩展。

（2）射孔参数（射孔方位角和射孔深度）能够影响二次裂缝的转向行为及裂缝扩展形态。大射孔方位角和大射孔深度可以使裂缝偏转角增大，裂缝弯曲程度也会随之增大，更有利于二次裂缝扩展至储层深部，沟通更多未动用储层。

（3）压裂液注入速率和黏度是控制二次压裂裂缝扩展形态的重要因素。裂缝偏转角对压裂液注入速率和黏度极为敏感，较大的压裂液注入速率和黏度能使裂缝完成偏转的时间增加，裂缝弯曲程度变大，更易形成预期裂缝。

（4）对于远场重复压裂，二次裂缝起裂位置能够明显改变裂缝形态。起裂位置越靠近井筒，干扰应力越强，裂缝的弯曲程度越大，因此现场实践中需要在靠近井筒处进行远场重复压裂。

第4章 不同水平井分段压裂方案下裂缝扩展机理研究

4.1 水平井分段压裂数值理论及方法

随着水平钻井技术的进步，多级多簇水力压裂技术近年来成为致密储层压裂最有效的方法之一。致密储层的孔隙小且连通性差，烃类（如页岩气、致密气和页岩油）难以通过孔隙流到井筒从而实现高效的油气开采。而通过水平井多段多簇压裂，构建高渗油气通道，实现储层改造体积的最大化，是增加储层油气开采的重要途径和主要方法。在该技术中，通常在钻取的水平井中进行多簇分段压裂，每个压裂阶段包括一系列射孔簇，可对这些射孔簇进行同时压裂或单个顺序（变次序压裂）压裂，以达到多裂缝多维度扩展的目的。在压裂实践中，射孔簇之间的距离可以从几米到几十米不等，较小的射孔簇间距和更多的支撑剂可以提高产能，但同时也会加剧裂缝间应力干扰的影响，致使裂缝扩展形态过度曲折甚至停止扩展；而较大的射孔簇间距下压裂裂缝又会降低裂缝网络的控制范围，使储层的开采效率降低。来自多个盆地的100多口页岩水平井的生产测井结果表明，只有2/3的射孔簇对页岩气的生产有贡献，其他射孔簇的生长受到阻碍，产能很低。在致密储层的压裂生产实践中也发现，多簇多段压裂的增产效率很低，40%的射孔簇几乎没有产出油气。因此，深入了解压裂段内多个射孔簇的水力裂缝的同时扩展情况，有助于最大限度地提高致密储层的产能。但是，在现场识别水力裂缝的演化过程和相互作用行为较为困难，针对实际水力压裂处理设计的三维数值模拟器经常作为一种先进的工具来研究现场尺度上多条水力裂缝的同时扩展行为。总体而言，目前报道的用于实际设计的模拟器三维压裂模型根据其模拟的裂缝几何形状可分为平面和非平面两类，但值得注意的是，非平面三维压裂模型也可以模拟水力裂缝的平面扩展。这些压裂模型所采用的数值方法包括：不连续耦合有限元法、隐式水平集法、位移不连续法、有限元 - 位移不连续法、有限体积 - 位移不连续法、有限元 - 有限体积 - 边界元法。事实上，从这些压裂模型中获得的数值结果加强了我们对多条水力裂缝同时扩展行为的理解。特别是，对簇间距、地应力、射孔完井方案设计、裂缝扩展形态和滤失的影响进行了广泛的讨论。值得一提的是，上述这些压裂模型往往进行了简化。例如，Salimzadeh等人 [190] 开发的压裂模型假设射孔簇之间的流量相同，但注入压力不同，这违背了水平井压力连续性和压裂液流量动态分布规律。而平面模型或等裂缝等高模型限制了水力裂缝的挠度和弯曲增长以及裂缝高度的变化，这与现场裂缝扩展理论及行为相悖。而基于三维位移不连续方法的非平面压裂模型 [191,192] 将裂缝限制在垂直方向扩展，现场压裂实践中，多条水力裂缝由于储层非连续性结构及干扰应力等因素的影响，大多呈现非平面、弯曲形态扩展，而该类模型缺少描述复杂裂缝几何形状的能力。由于致密储层的超低渗透率，模型中通常将压裂液滤失量忽略不计，但这与现场观察到的压裂液滤失量大相径庭。此外，在所报道的多数压裂模型中，通常忽略射孔摩阻影响，并假设每个裂缝簇只有一条裂缝，而在 3D 多簇压裂模型中，通常采用的另一种简化方法是将致密储层视为均匀介质，以上假设会导致数值模拟结果和现场检测结果存在较大差异。测井剖面和岩芯显示，许多致密储层具有不同物理性质（如杨氏模量）的层间互层，层厚从几厘米到几米不等，而在三维多簇压裂模型中，特别是基于边界元法和位移不连续法的多簇压裂模型中，很难实现致密储层硬、软交替层的弹性模量对比。因此，致密储层的层状模量效应在大多数三维多簇压裂模拟中往往被忽略。在此条件下，层状储层被简化为均质储层，其弹性模量等于组合层的有效模量。然而，这些解析解是针对水力裂缝的平面生长提出的，并不适合描述多簇压裂中常见的非平面三维裂缝。综上所述，致密储层多簇压裂涉及多个物理过程，包括基本物理过程（如岩石变形、裂缝起裂及扩展、裂缝流体流动、孔隙流动）和次要物理过程（如水平井流体流动、射孔摩阻、滤失效应、孔隙弹性效应等）。研究多条水力裂缝的同时生长行为需要一个能够模拟这些物理过程的多簇压裂模拟器，而相关的研究非常有限。

为了增加储层的改造体积，近年来许多石油公司一直在努力减小井距和裂缝间距，以便最大限度地增加储层动用体积。然而，利用分布式温度传感和分布式声学传感进行的现场测量结果表明，对于间隔较小的裂缝，注入流体通常呈现不均匀分布，甚至部分裂缝簇没有压裂液进入，成为无效裂缝簇，而这通常取决于射孔设计和多条裂缝之间的地应力分布状态。因此，一种考虑"井筒 - 射孔簇 - 裂缝"耦合系统的高效多裂缝起裂及扩展的建模算法对于提高多裂缝的均匀扩展至关重要。经典的裂缝模型可以是二维、拟三维、平面三维和全三维的。二维模型为 PKN 模型和 KGD 模型，适用于恒定高度的单裂缝扩展，拟三维模型包括基于 PKN 单元的模型，该模型假设裂缝在裂缝长度方向上由两个中心相连的半椭圆组成，只需要长轴和短轴就可以确定其形状。基于单元格的 P3D 模型采用平衡高度解析解求解各单元的裂缝高度，流体沿裂缝长度方向流动，这种方法大大减少了计算量，但当裂缝高度不受较大应力干扰限制时，裂缝高度预测可能会出错。Zhao 等人[193]也提出了多裂缝 P3D 模型，建立了射孔设计的优化方法，但 P3D 模型中多条裂缝之间的相互作用应力是基于二维方法计算的，因此多条裂缝同时扩展时，裂缝高度增长的计算可能并不准确。因此，Advani 等人[194]、Barree[195]提出了一种

PL3D 平面三维模型来模拟裂缝扩展，该模型采用三维弹性方程求解岩石变形，通过裂缝移动边界确定裂缝几何形状。Peirce 和 Detoumay[162] 通过引入尖端解析解，提出了一种模拟平面三维断裂的隐式水平集算法。为了描述裂缝的随机转向扩展，Carter 等人 [196] 提出了一个全三维模型，但即使当今的计算机已具备强大的计算性能，完整的 3D 模型也会消耗大量的计算资源，计算成本相对较高。Xu 和 Wong[192] 开发了一种名为"FrackOptima"的非平面多裂缝模拟器，其中假定多裂缝为三维垂直裂缝，由于计算量非常大，且全三维裂缝扩展的物理问题尚未解决，全三维模型的商业应用罕见报道。从上述裂缝模型的分析来看，PL3D 模型的精度和效率在商业应用中是适用的。目前，被广泛接受的算法是由 Dontsov 和 Peirce[197] 提出的隐式水平集算法（Implicit Level Set Algorithm, ILSA）。该算法采用隐式方法求解多裂缝扩展的流 - 固耦合方程，采用隐式水平集算法确定裂缝前缘。隐式方法是无条件稳定的，但需要求解大量的非线性方程组，耗时长，特别是边界积分方程的密集矩阵加大了计算量。此外，该算法针对支撑剂运移和裂缝闭合情况，在非线性方程中加入了更多的非线性约束，进一步增加了求解的难度。因此，在隐式水平集算法中建立高计算效率的可实现多裂缝及复杂缝网扩展的数值模型一直是众多学者努力的方向。

　　水平井分段压裂能够使多簇裂缝同时扩展，形成多段裂缝共同扩展的裂缝网络系统，能够有效增加储层改造体积，提高油气产量。目前，水平井压裂已经成为油气开发过程中必不可少的开发手段。在水平井多段压裂过程中，尽量减小射孔簇间距能够增加裂缝网络的控制范围，沟通未动用储层。但理论和实验研究均表明，当射孔簇间距减小时，多簇裂缝间的应力干扰会加剧，各簇裂缝扩展不再是单一平面裂缝，而是在不同时间段发生不同程度的转向，裂缝扩展路径变得复杂。因此，选取适当的射孔簇间距及调整压裂方案以减小缝间干扰，对水平井分段压裂增加储层改造体积极为重要。本章为了优化水平井分段压裂射孔簇间距及压裂方案，在黏聚力模型的基础上，建立了扩展有限元水平井分段压裂流 - 固耦合数值模型，模拟了 5 种压裂方案下的不同段裂缝扩展形态。为了验证模型的准确性，对所选模型采用的数值方法及网格尺寸进行了敏感性分析，并与传统有限元模型结果进行了对比验证。

4.2 模型结构与验证

本章建立了一个三维扩展有限元模型以模拟多孔介质储层中的非平面裂缝扩展。模型考虑了岩石基质的孔隙弹性及渗透性。同时对流体在缝内的流动性质也进行了模拟，着重阐述了 5 种压裂方案下的裂缝扩展形态，优选最佳方案以指导现场实践。5 种压裂方案分别为同步压裂、顺序压裂、选择性顺序压裂、两步法压裂、修改后两步法压裂。

多簇裂缝同时扩展时，各簇裂缝间会产生不同大小的诱导应力，使裂缝发生不同程度的偏转，此时裂缝网络扩展路径较为复杂。因此，本章基于黏聚力模型，建立了不同压裂方案下多簇裂缝扩展的流 - 固耦合模型，以定量描述不同工况下缝网扩展形态。但是，基于黏聚力模型的扩展有限元方法在计算裂缝扩展时的计算代价比较高昂。因此，选用适合的单元尺寸对于减小模型计算代价，增加收敛性是极其重要的[115]。本章所用模型都是基于 ABAQUS 隐式求解器求解，所以在计算方式和多核并行计算中需要着重考虑网格大小带来的影响。如果网格过多，会降低多核并行计算的效率，增加迭代求解时间，造成计算资源的过度浪费。

为了节约计算资源，本模型采用单层细化网格单元来模拟三维岩石储层。因为传统有限元法在计算水力压裂裂缝扩展过程中具有较高的精度[119,120]，将扩展有限元计算结果与传统有限元计算结果进行对比。模型验证参数采用我国东部某油田的现场采样数据，具体数据如表 4-1 所示。

表4-1　数值模型输入参数

模型参数	参数值
模型尺寸	300m×150m
射孔深度	1m
水平最大主应力σ_H	17MPa
水平最小主应力σ_h	15MPa
垂向应力σ_v	20MPa
弹性模量E	12.94GPa
泊松比υ	0.25
抗拉强度σ_t	1.26MPa
断裂能G^C	28N/mm
渗透率k	2.814mD
滤失系数c	$1×10^{-14}$m/（Pa·s）
孔隙度φ	0.12
流体黏度μ	1MPa·s
压裂液注入速率Q	$2×10^{-4}$m^3/s
初始孔隙压力P	10MPa
每段压裂时间	2000s
注入流体密度	1000kg/m^3
能量指数η	2.284
裂缝簇间距	10m, 20m

　　ABAQUS 软件提供了一种三维实体孔压单元来求解三维水力压裂裂缝扩展问题，并通过地应力分析步和岩土分析步进行流 - 固耦合求解，其计算迭代过程均采用牛顿迭代。为了节约计算成本，提高计算精度，可以采用两种积分方法来对多因素耦合的水平井分段压裂裂缝扩展过程进行模拟：完全积分和减缩积分。完全积分，是指单元在具有规则形状时，单元中所对应的 Gauss（高斯）积分点数

目足以对单元刚度矩阵进行精确求解。就六面体单元而言，规则形状是指任意边均为直线，且边与边相交成直角，即任何边中的节点都位于边的中点上。完全积分的线性单元在每一个方向上均采用两个积分点。而减缩积分相比完全积分在每个方向上少用一个积分点，两种方法在水力压裂模拟中的适用范围及准确性尚不明确，因此本章对两种方法的敏感性进行研究，并选取最优求解方法进行迭代求解。此外，模型采用了单层厚度为 0.5m 的三维实体单元，针对两种不同积分方法，分别采用完全积分三维实体孔压单元（C3D8P）和减缩积分三维实体孔压单元（C3D8RP）建立两组对比模型。选定一个网格基准，对网格尺寸在水平方向进行等比缩放，同时进行网格尺寸敏感性分析，得出求解水力压裂裂缝的最优扩展有限元网格尺寸，其水平方向细化形式及尺寸如图 4-1 所示，分别为 1.0m×1.0m，1.0m×0.5m，0.5m×1.0m 和 0.5m×0.5m。

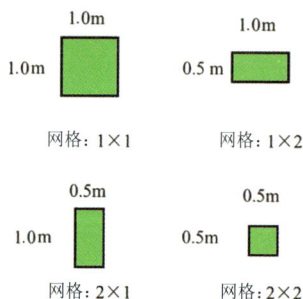

图4-1　网格单元水平尺寸细化示意图

完全积分求解方式下不同网格尺寸井底注入压力变化曲线与传统有限元对比如图 4-2（a）所示。结果表明，单元尺寸对数值模型求解精度影响明显。随着单元网格细化，井底注入压力值与传统有限元的求解值趋于一致。扩展有限元网格尺寸越大，其求解的井底注入压力值越高，求解精度越差。在压裂初期，网格尺寸较大，其求解的井底注入压力波动也较大，不适用于现场压裂实践。当网格尺寸细化到 0.5m×1.0m 和 0.5m×0.5m 时，其求解的井底注入压力曲线已基本和传统有限元一致，计算精度也较高。

而图 4-2（b）为完全积分求解不同网格尺寸下裂缝开口宽度变化关系。其求解精度与井底注入压力求解精度变化关系一致，即随着网格尺寸的细化，裂缝开口宽度值更贴近传统有限元求解值。不同的是，当网格尺寸为 0.5m×1.0m 时，其求解的裂缝开口宽度在扩展后期与传统有限元计算求解宽度误差增大，而当网格尺寸为 0.5m×0.5m 时，其求解的裂缝开口宽度在整个过程与传统有限元吻合较好。因此在完全积分求解方式下，本章采用的网格尺寸为 0.5m×0.5m，在整个水力裂缝扩展过程中均保持较高精度，满足现场压裂实践要求。但由于该方法在求解中相比减缩积分在每个方向上都要多一个节点，在计算中会增加计算成本，所以有必要对减缩积分下的水力裂缝扩展求解精度进行进一步分析。

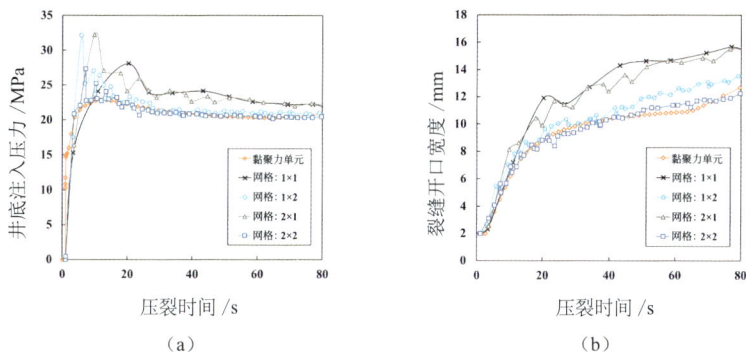

图4-2　C3D8P单元求解的井底注入压力和裂缝开口宽度

（a）不同网格尺寸井底注入压力变化曲线；（b）不同网格尺寸裂缝开口宽度变化曲线

如图 4-3 所示，减缩积分求解方法求解精度和单元网格尺寸的关系与完全积分方法求解时一致。随着网格尺寸的增加，所求解的井底注入压力及裂缝开口宽度精度上升。当网格尺寸为 0.5m×0.5m，其计算精度在整个压裂过程中均与传统有限元计算精度一致。但其计算值在整个过程中波动较大，相比完全积分相同网格尺寸下计算精度较低。因此，如果采用减缩积分对模型进行求解，只有当网格尺寸达到一定精度时，模型求解才有效。此外，在相同网格尺寸下，相比完全积分，减缩积分的计算迭代时长减少了约 1/4，能够有效降低模型计算代价。

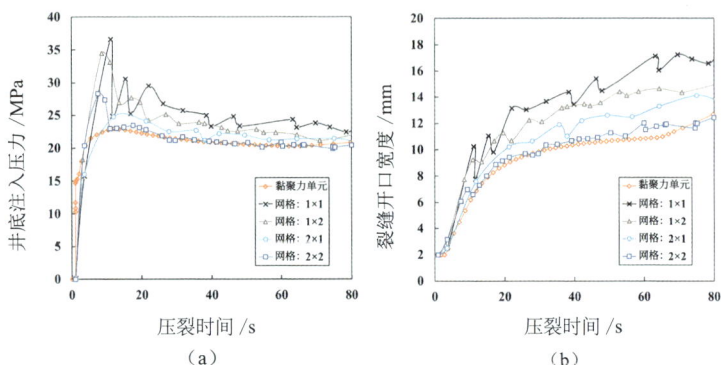

图4-3　C3D8RP单元求解的井底注入压力和裂缝开口宽度
（a）不同网格尺寸井底注入压力变化曲线；（b）不同网格尺寸裂缝开口宽度变化曲线

本章研究发现，减缩积分在求解水力压裂裂缝扩展时容易造成单元过度变形，导致求解不收敛，如图 4-4 所示。解决这种现象的方法就是将模型网格逐步细化，简化边界条件，这对模拟实际水力压裂问题较为不利。因此本模型在相同网格尺寸下不建议选择减缩积分进行模拟。总的来说，在同等单元尺寸下 C3D8P 较 C3D8RP 单元在求解水力压裂问题时有较高的准确性，消耗的计算资源量大。虽然通过细化网格单元能够增加数值模拟的准确性，但会明显增加求解的计算代价。通过综合评价，本章采用的网格单元尺寸为 0.5m×0.5m×0.5m，求解单元为 C3D8P。为了确保压裂液注入时水力裂缝正常起裂，射孔初始开度设定为 2mm。

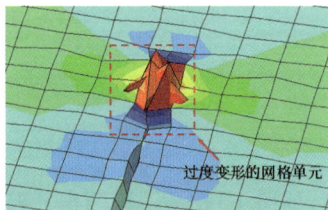

图4-4　C3D8RP单元求解水力压裂问题时过度变形的网格单元

为了减小计算量，本章采用 1/2 对称模型对水平井分段压裂进行求解。如图 4-5 所示，为了消除边界条件的影响，本模型使用足够大尺寸的模型，设定模型求解计算区域长度为 300m，宽度为 200m。所有区域均采用 C3D8P 单元进行求解。为了减少网格数量，本章在不同扩展区域采用不同尺寸过度网格，对裂缝扩展区域（100m×100m）进行网格细化，以保证模型计算精度，采用均布网格尺寸，而其他地方采用过度网格布置。通过上述方法对模型处理，整个模型区域离散为 54830 个单元。

此外，模型边界（AB、BC、CD）施加有 10MPa 的初始孔隙压力并固定位移自由度，而边界 AD 则设置为对称边界条件。所有模型在厚度方向的位移均被锁定，以保证三维裂缝计算过程中的收敛性。在模型中采用三簇射孔进行压裂，其中数字①、②和③代表裂缝的起裂顺序。射孔位置沿井筒随机分布，通过调整位置以模拟不同簇间距下压裂过程。压裂过程中，由于压裂方式不一致，各簇裂缝间同时或单一扩展，在富集扩展有限元中随机转向，模拟不同压裂方案下缝间干扰对裂缝形态的影响。储层厚度为 0.5m，可局部模拟裂缝在垂直应力方向的扩展。在压裂过程中，前期压裂裂缝保持一定的孔隙压力，以模拟扩展过程中支撑剂对裂缝壁面的支撑过程。以上模型和边界条件设置，符合水平井分段压裂的现场实际，能够有效指导压裂方案的制订。

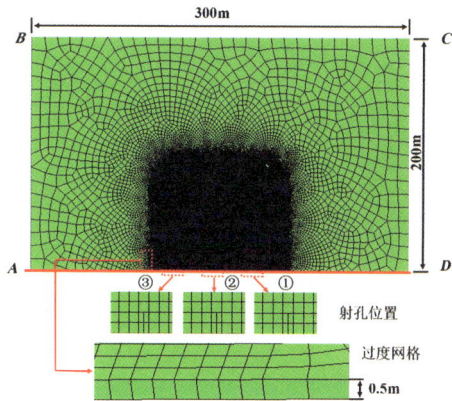

图4-5　模型结构及网格划分

4.3 数值模拟结果及分析

4.3.1 同步压裂裂缝扩展形态

本节采用两组不同簇间距（10m 和 20m）压裂模型，研究了水平井同步压裂裂缝扩展形态。数值模型参数如表 4-1 所示。同步压裂，即在泵注程序中使不同簇裂缝吸入的压裂液速率相同，在一段压裂过程中各簇裂缝同时起裂，向地层深部延伸，其缝网扩展形态及扩展路径如图 4-6 所示。结果表明，多簇裂缝同时扩展时，由于缝间应力干扰，裂缝不再是单一的垂直于水平最小主应力方向的平面裂缝，而是随着压裂的进行，不同阶段的不同裂缝出现不同程度的转向。不同簇裂缝间会出现分离扩展或相互连接，形成复杂的非平面裂缝网络系统。这说明，在此过程中裂缝尖端和靠近裂缝面区域原始应力场分布发生明显改变，各簇裂缝的扩展形态受干扰应力的影响较为严重。事实上，这种干扰应力主要由缝内流体在裂缝内形成高压并向储层中扩散和裂缝的持续张开产生的。往往过大的干扰应力会导致缝间干扰增强，使各簇裂缝的偏转加强，降低有效缝网体积，不利于形成水力压裂有效裂缝和最大限度增加储层改造体积。

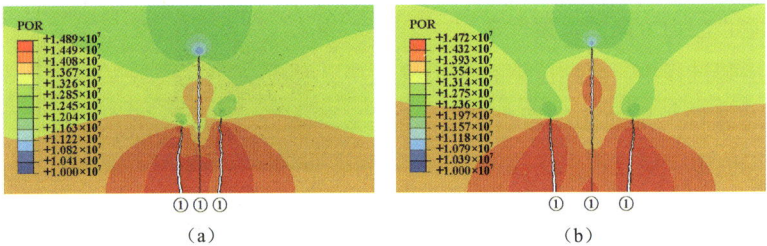

图4-6　不同簇间距下同步压裂裂缝扩展形态（单位：Pa）

（a）簇间距为 10m；（b）簇间距为 20m

POR—孔隙压力

本章使用的模型不像常规水力压裂模型，假设水力裂缝始终沿水平最大主应力方向扩展，随着压裂进程中诱导应力的产生，各簇裂缝发生不同程度的转向。在同步压裂中，两侧裂缝基于中间裂缝对称，只有中间裂缝一直沿着最大主应力方向扩展，而两侧裂缝背离彼此扩展。出现这种现象的主要原因是两侧裂缝相对于中间裂缝呈对称分布，裂缝产生的诱导应力相互叠加或抵消，使得中间裂缝扩展区域内水平最大主应力方向不发生改变。而两侧裂缝由于受单侧两簇裂缝的干扰应力影响，在压裂后期，裂缝尖端原始应力场的大小和方向发生改变，出现不同程度的偏转，表现为两侧裂缝背离彼此扩展并逐渐转向原始水平最小主应力方向。

此外，由于干扰应力的影响，两侧裂缝扩展被压制，裂缝长度相较于中间裂缝短而裂缝宽度相较于中间裂缝宽。而对于中间裂缝，可以快速突破裂缝干扰区域，并扩展至地层深部。在靠近井筒区域，中间裂缝也受到两侧裂缝诱导应力的强烈干扰，使得该区域的裂缝过度闭合。这种现象会使中间裂缝壁面承受过大的闭合压力，压裂过程中支撑剂过度嵌入裂缝壁面，同时流体流动通道变窄，致使压裂液流入困难。对于同步压裂最终裂缝扩展形态而言，两侧裂缝在压裂过程中偏离原始最大主应力方向，背离彼此扩展，而中间裂缝近井筒地带裂缝出现过度闭合。上述裂缝扩展形态会降低裂缝扩展效率及导流能力。但随着簇间距增加，缝间干扰逐渐减弱。

不同簇间距下，同步压裂各簇裂缝井底注入压力和裂缝开口宽度如图 4-7 所示。图 4-7（a）表明，由于中间裂缝干扰应力的影响，两侧裂缝扩展需要更高的井底注入压力。因为两侧裂缝相较于中间裂缝呈对称分布，所以两侧裂缝的注入压力在整个压裂过程中基本保持一致。结果表明，两侧裂缝产生的诱导应力在中间裂缝扩展区域相互叠加或抵消，可以明显减小中间裂缝的起裂和扩展压力，这也是中间裂缝能够快速突破应力干扰区域，扩展至地层深部的主要原因。此外，裂缝张开或闭合的形态能严重影响裂缝的有效导流能力。在干扰应力环境中，裂缝过度闭合会导致裂缝导流通道变窄，压裂液流入困难。同时，当裂缝壁面所受压力过大时，支撑剂会嵌入裂缝壁面，降低裂缝的有效导流能力。此种情况下，裂缝波及范围将大幅度降低。随着裂缝簇间距的增加，中间裂缝和两侧裂缝井底注入压力变化不大，说明在小裂缝簇间距下，增加簇间距对裂缝扩展压力影响不大。

图 4-7（b）为同步压裂下各簇裂缝开口宽度的变化曲线。与两侧裂缝相比，中间裂缝开口宽度在压裂过程中急速缩小。不同的是，当裂缝簇间距较大时，中间裂缝受压制减弱，簇间距为 20m 时所取得的最大裂缝开口宽度大于簇间距为 10m 时所取得的值。此外，当簇间距为 10m 时，中间裂缝在压裂初期便受到压制，并快速闭合；而当簇间距为 20m 时，中间裂缝闭合速度较慢，在压裂后期才完全闭合。因此当使用同步压裂并采用小射孔间距压裂时，中间裂缝开口会在短时间内闭合。当簇间距为 20m 时，尽管中间裂缝开口会闭合，但其平均裂缝宽度要大于簇间距为 10m 的裂缝宽度。因此，在小簇间距进行同步压裂时，增加簇间距能够明显降低各簇裂缝间的干扰，增加裂缝开口宽度，这非常有利于压裂液流入和支撑剂在裂缝通道中的运移。

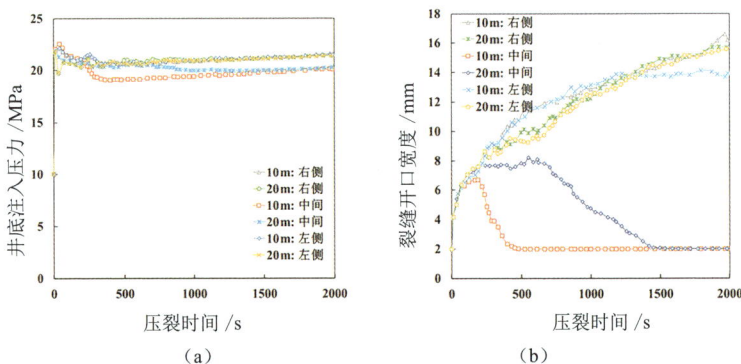

图4-7 不同簇间距下同步压裂井底注入压力和裂缝开口宽度变化曲线

（a）井底注入压力变化曲线；（b）裂缝开口宽度变化曲线

4.3.2　顺序压裂和选择性顺序压裂裂缝扩展形态

本节使用不同簇间距（10m 和 20m）的水平井水力压裂模型，对顺序压裂和选择性顺序压裂裂缝扩展形态和扩展路径进行模拟。图 4-8（a）为簇间距 10m 条件下的顺序压裂裂缝扩展形态，其压裂顺序为①—②—③（右侧裂缝—中间裂缝—左侧裂缝）。在此压裂方案下，右侧裂缝由于没有干扰应力的影响，从射孔方位起裂后，沿水平最大主应力方向扩展，形成形态单一的平面裂缝。相较于后续压裂的裂缝，最先压裂的裂缝扩展至储层的位置最深，有效裂缝长度最长。而由于右侧裂缝诱导应力的干扰，后续压裂的裂缝在一定程度上发生了偏转，裂缝扩展路径偏离了最大主应力方向。中间裂缝偏转至右侧裂缝，向右侧裂缝逐渐靠近。此外，中间裂缝在地层中扩展的深度大于左侧裂缝扩展深度，说明压裂顺序越靠后，裂缝受到已压裂裂缝的干扰会越严重，发生偏转的概率也就越大。同时后续压裂裂缝仍然会对已压裂裂缝形态造成影响。例如，在第三段压裂过程中，中间裂缝在近井筒地带逐渐闭合，而右侧裂缝由于受到第二簇及第三簇压裂裂缝的干扰，在近井筒区域几乎完全闭合。

图 4-8（c）为簇间距为 10m 时水平井选择性顺序压裂的裂缝扩展形态。与顺序压裂不同的是，该压裂方案先压裂最右端裂缝簇，然后压裂最左端裂缝簇，最后才压裂中间段裂缝簇。图 4-8（c）中压裂顺序为①—②—③（右侧裂缝—左侧裂缝—中间裂缝）。数值模拟结果表明，改变压裂顺序能明显改变裂缝的扩展形态。在此压裂方案下，右侧裂缝由于没有应力干扰，与顺序压裂裂缝扩展形态几乎一致。而选择性顺序压裂在第二段压裂中选择压裂最左端裂缝，实质上增加了两簇裂缝的簇间距，所以能明显降低两簇裂缝间的干扰，增加左侧裂缝有效长度。而中间裂缝在第三段压裂，受到两侧裂缝的严重干扰，裂缝形态较为曲折，有效裂缝长度相较于顺序压裂较短。

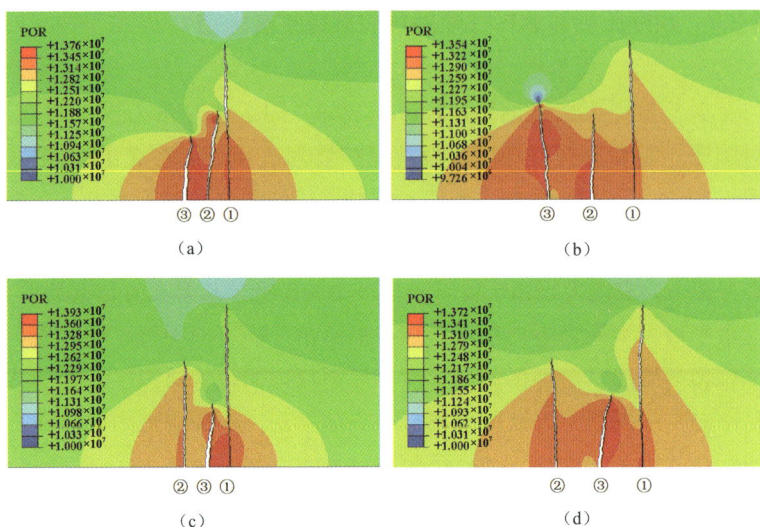

图4-8 不同簇间距下顺序压裂和选择性顺序压裂裂缝扩展形态（单位：Pa）

（a）簇间距为10m顺序压裂裂缝扩展形态；（b）簇间距为20m顺序压裂裂缝扩展形态；
（c）簇间距为10m选择性顺序压裂裂缝扩展形态；（d）簇间距为20m选择性顺序压裂裂缝
扩展形态

POR—孔隙压力

    图 4-8（b）、（d）分别为簇间距为 20m 时的顺序压裂和选择性顺序压裂裂缝扩展形态。结果表明，随着簇间距的增加，裂缝间的干扰减弱，裂缝偏转程度也减弱，各簇裂缝形态的复杂程度也降低。不同的是，当使用选择性顺序压裂方案时，左侧裂缝在地层中的扩展深度较深而中间裂缝更为弯曲。这种现象说明，相较于顺序压裂，选择性顺序压裂能增强对中间裂缝的应力干扰，减弱诱导应力对最左侧裂缝的干扰。不同压裂方式的改变实质是改变了两簇裂缝的相对距离，从而降低了裂缝间的缝间干扰。当缝间干扰应力较小时，裂缝更容易扩展至储层深部，增加储层改造体积。

    图 4-9 为不同压裂方案下井底注入压力随压裂时间的变化关系。

每段压裂完成时，数值模型不模拟压裂液回流阶段，而是保持缝内压力在一定值以模拟支撑剂支撑阶段。因此，当一段压裂完成时，该段裂缝的注入压力会恢复到一个定值。如图4-9（a）、（b）所示，当初始预制裂缝完全损伤，井底注入压力会快速上升到一个定值，以保证后续裂缝的扩展。不同的是，不管使用哪种压裂方式，由于应力干扰，后续压裂裂缝的井底注入压力都会高于先压裂裂缝。说明压裂次序越靠后，裂缝扩展所需克服的阻力就越大，消耗的水力压裂能量就越多。这主要是由多簇裂缝扩展时诱导应力对各簇裂缝的缝间干扰造成的。

相比顺序压裂，选择性顺序压裂第二簇压裂裂缝的井底注入压力较低（19.3MPa），这与该方案下第一簇压裂裂缝的井底注入压力很接近（18.8MPa）。选择性顺序压裂的第二簇压裂裂缝井底注入压力（19.6MPa）却和该方案下第三簇压裂裂缝的井底注入压力（20.2MPa）接近。此外，当射孔簇间距从10m增加到20m时，各簇裂缝在相同工况下的井底注入压力吻合较好。这种现象表明，当在小簇间距范围内，增加簇间距对各簇裂缝间的井底注入压力影响较小。

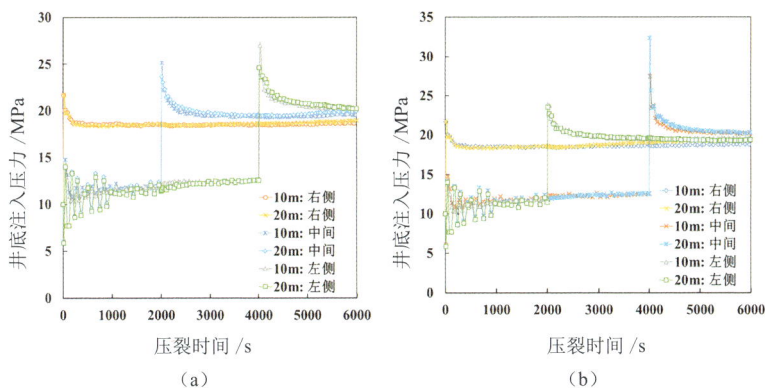

图4-9　不同簇间距下顺序压裂和选择性顺序压裂井底注入压力变化曲线

（a）顺序压裂井底注入压力变化曲线；（b）选择性顺序压裂井底注入压力变化曲线

图 4-10 为顺序压裂和选择性顺序压裂下裂缝开口宽度变化曲线。对于第一段压裂裂缝，由于不存在诱导应力的影响，裂缝开口宽度与常规压裂变化曲线一致。当使用顺序压裂时，后续压裂裂缝开口的闭合速度要大于选择性顺序压裂裂缝开口的闭合速度。在第一段压裂过程中，第一段压裂裂缝开口宽度在簇间距为 20m 时总是等于簇间距为 10m 的裂缝开口宽度。而在后续压裂过程中，小簇间距下裂缝开口宽度下降速度明显大于大簇间距下裂缝开口宽度下降速度。这主要是由于簇间距越大，缝间干扰越弱，后续压裂裂缝对已压裂裂缝壁面的压力也就越小。在第二段和第三段压裂过程中，第一段压裂裂缝开口宽度逐渐降低，最后趋于闭合。

当簇间距为 10m 时，第一段压裂裂缝开口在第二段压裂过程中就已完全闭合（压裂时间为 3850s），这会导致支撑剂的过度嵌入，降低裂缝导流能力，需要在工程实际中尽量避免。当簇间距为 20m 时，第一段压裂裂缝在第三段压裂完成时也未完全闭合。说明增加簇间距能明显降低后续压裂裂缝对已压裂裂缝的压制，使裂缝开口始终打开，更有利于压裂液的流入。第二段压裂裂缝开口变化规律与第一段压裂裂缝极为相似。不同的是，第二段压裂裂缝开口宽度的最大值要高于第一段裂缝，这主要是由较高的井底注入压力引起的。因此，使用顺序压裂时，第二段裂缝开口宽度比选择性顺序压裂的大。

对于顺序压裂的第三段压裂过程，当簇间距为 10m 时，第二段压裂裂缝完全闭合。然而簇间距为 20m 时，第二段裂缝开口宽度在第三段压裂开始时快速下降，随后在余下压裂过程中保持不变（裂缝开口宽度保持在 14.6mm）。在此种压裂方案下，第二段裂缝支撑剂过度嵌入的风险降低，裂缝导流能力增强。对于第三段压裂裂缝，不同压裂方案下的裂缝开口宽度都明显增加，但簇间距为 20m 的顺序压裂增加幅度不大。裂缝开口宽度增加越快，说明越多能量被耗费在张开裂缝而不是向地层深部延伸，这对于增加有效裂缝长度是不利的。造成这种现象的主要原因是，中间裂缝受两侧裂缝的应力干扰较强，使得裂缝表面所承受的压力增加。

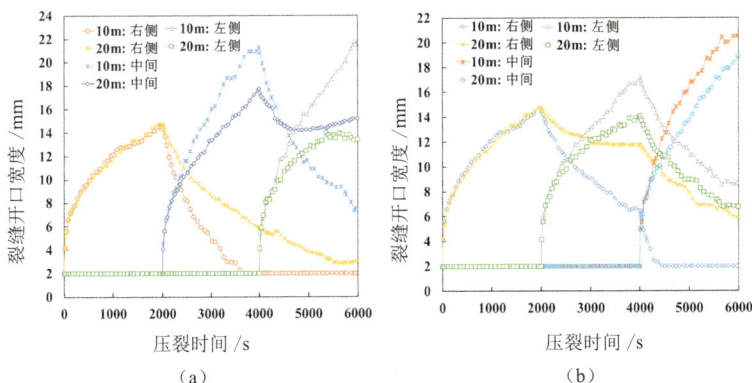

图4-10　不同簇间距下顺序压裂和选择性顺序压裂裂缝开口宽度变化曲线

（a）顺序压裂裂缝开口宽度变化曲线；（b）选择性顺序压裂裂缝开口宽度变化曲线

4.3.3　两步法压裂和修改后两步法压裂裂缝扩展形态

增加储层改造体积的一个重要思路就是尽量减小簇间距且保证多簇裂缝同时均一扩展，最大限度增加各簇裂缝的有效长度。本节采用两步法压裂和修改后两步法压裂对裂缝扩展形态进行了模拟。图 4-11 为簇间距为 10m 和 20m 工况下两种不同压裂方案下 4 组模型的数值模拟结果。

图 4-11（a）为簇间距 10m 时两步法压裂裂缝扩展形态，其压裂顺序为①—②②（中间裂缝—左侧和右侧裂缝）。在此压裂方案下，中间裂缝首先被压裂，并沿着水平最大主应力方向形成单一平面裂缝。第二段压裂过程中，两侧裂缝由于中间裂缝诱导应力的干扰，偏转严重。在整个第二段压裂过程中，两侧裂缝尖端偏向中间裂缝扩展，形成曲折的非平面裂缝，降低了裂缝的有效长度。此外，两侧裂缝的诱导应力会使中间裂缝壁面所承受的压力急剧增加，造成中间裂缝过度闭合。特别是在两侧裂缝靠近中间裂缝的位置，中

间裂缝过度闭合。当裂缝簇间距增加到20m时，三簇裂缝扩展几乎与簇间距为10m裂缝扩展规律一致。不同的是，簇间距越大，裂缝偏转程度越弱，裂缝曲折度降低，如图4-11（b）所示。说明相同压裂方案下，增大射孔簇间距，缝间干扰应力降低，裂缝曲折程度降低，有利于增加有效裂缝长度。

图4-11（c）为簇间距10m时，修改后两步法压裂裂缝扩展形态，其压裂顺序为①①—②（左侧和右侧裂缝—中间裂缝）。在此压裂方案下，两侧裂缝在第一段压裂过程中同时起裂，由于缝间应力干扰，两侧裂缝背离彼此扩展，发生不同程度的偏转。尽管如此，该方案下两侧裂缝扩展总长度大于两步法压裂两侧裂缝总长度。对于第二段压裂，中间裂缝的扩展受到两侧裂缝的强烈压制，因此裂缝扩展长度明显小于两侧裂缝。特别地，中间裂缝在扩展过程中偏向右侧裂缝扩展，导致右侧裂缝过度闭合，这种现象会降低右侧裂缝的有效导流能力。当簇间距增加到20m时［图4-11（d）］，各簇裂缝间的干扰应力减弱，因此中间裂缝扩展长度增加，其值大于簇间距为10m的中间裂缝长度。说明簇间距是决定裂缝干扰的关键因素，无论何种压裂方案下，增加射孔簇间距都能有效降低各簇裂缝间的干扰，所以问题的关键就在于较低射孔簇间距下取得较大的有效裂缝长度。现场实践中往往需要在低射孔簇间距下进行多簇射孔，在小范围内产生多条水力裂缝，增加水力裂缝沟通未动用储层的能力。这种射孔方案势必会导致强烈的缝间应力干扰，所以在此种完井方案下进行压裂方案优选极为重要。

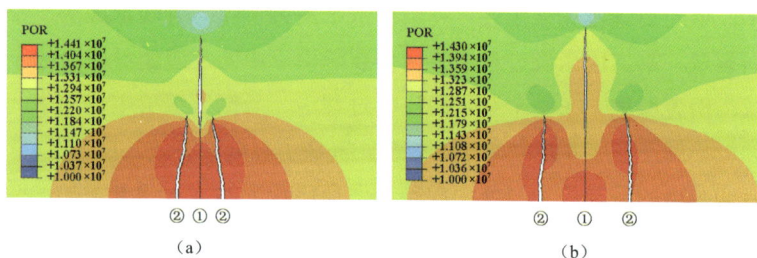

（a）　　　　　　　　　　　（b）

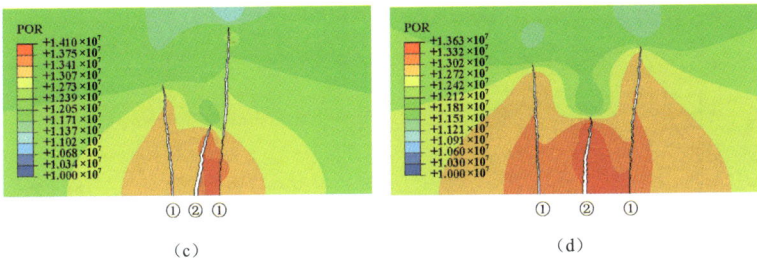

图4-11　不同簇间距下两步法和修改后两步法压裂裂缝扩展形态（单位：Pa）

（a）簇间距为10m两步法压裂裂缝扩展形态；（b）簇间距为20m两步法压裂裂缝扩展形态；
（c）簇间距为10m修改后两步法压裂裂缝扩展形态；（d）簇间距为20m修改后两步法压裂
裂缝扩展形态

POR—孔隙压力

图 4-12 为不同两步法压裂方案下井底注入压力变化曲线。在第一段压裂过程中，裂缝起裂后，井底注入压力快速下降并最终维持在一个稳定值（19.4MPa）。不同压裂方案下，第一段压裂井底注入压力的区别很小。与第一段压裂裂缝相比，第二段压裂裂缝在整个压裂过程中具有较高的井底注入压力。相较于两步法压裂，使用修改后两步法压裂第二段裂缝的井底注入压力较低。在 10m 和 20m 簇间距下，井底注入压力变化不大。说明在簇间距较小时，多簇裂缝同时扩展，改变各簇裂缝间距对井底注入压力的影响较小。然而，改变压裂顺序，各簇裂缝间的井底注入压力变化较大。当使用不同方法压裂时，第二段压裂裂缝在压裂初期，井底注入压力波动较大，这说明第一段压裂在近井地带应力干扰较强，该区域内孔隙压力波动较大。第二段裂缝开始扩展时，其起裂压力也会明显高于第一段压裂裂缝，出现高度应力奇异现象。所以在第二段压裂的裂缝起裂过程中，第二段压裂裂缝起裂压力有一个急剧上升的过程。

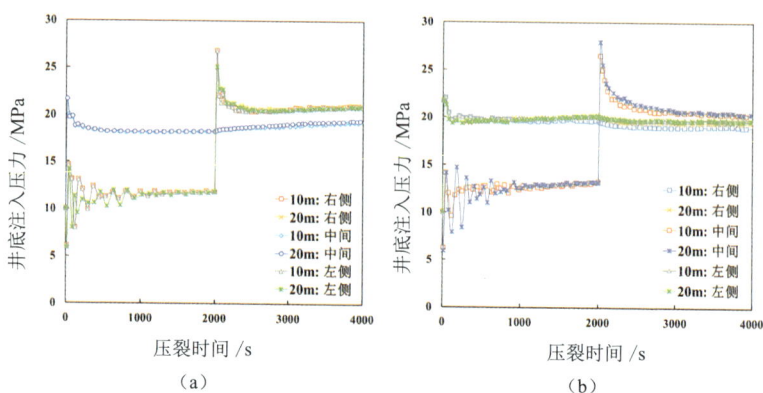

图4-12 不同簇间距下两步法和修改后两步法压裂井底注入压力变化曲线

（a）两步法压裂井底注入压力变化曲线；（b）修改后两步法压裂井底注入压力变化曲线

如图 4-13（a）所示，当使用两步法压裂时，中间裂缝在第一段压裂过程中迅速张开，随后在第二段压裂过程中快速闭合，最后完全闭合至裂缝初始开度（2mm）。相较于簇间距为 20m，簇间距为 10m 的裂缝开口宽度较小并且在整个压裂过程中减小更快。

如图 4-13（b）所示，使用修改后两步法压裂的裂缝开口宽度与两步法裂缝开口宽度明显不同。当簇间距为 10m 时，第一段压裂过程中，左侧裂缝宽度在压裂初期快速增长并达到最大值（16.18mm），而右侧裂缝宽度则增长缓慢，甚至在第一段压裂后期会有明显下降。在第二段压裂过程中，由于中间裂缝靠近右侧裂缝扩展，右侧裂缝在第二段压裂初期便趋于完全闭合，这主要是由高强度诱导应力所致。而当簇间距为 20m 时，中间裂缝也偏向右侧裂缝扩展，由于其相对距离较远，右侧裂缝开口宽度虽然有所降低，但相较于 10m 簇间距时下降幅度较小。无论使用何种压裂方式，第二段压裂裂缝开口宽度在第二段压裂过程中均逐渐增加，并且其宽度差异不大。

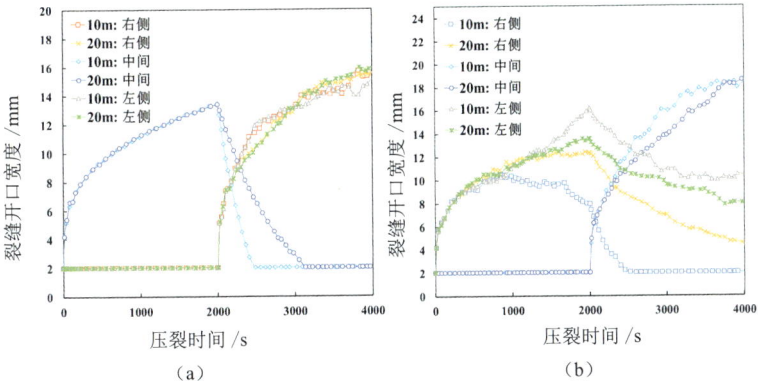

图4-13　不同簇间距下两步法和修改后两步法压裂裂缝开口宽度变化曲线

（a）两步法压裂裂缝开口宽度变化曲线；（b）修改后两步法压裂裂缝开口宽度变化曲线

4.3.4　数值模拟

　　综合考虑 5 种不同压裂方案对多簇裂缝扩展形态的影响，可以发现，当使用小射孔簇间距时，改变压裂方式能明显改变裂缝扩展形态。由于缝间应力干扰的存在，在不同压裂阶段，裂缝会偏离或背向彼此扩展，形成复杂的非平面裂缝网络系统。当使用同步压裂方案时，两侧裂缝由于受到中间裂缝干扰应力的影响，相较于最大主应力方向会发生明显偏转，而中间裂缝却始终沿最大主应力方向扩展。这种现象与 Haddad 和 Sepehrnoori[198] 的研究结果相一致。此外，中间裂缝由于两侧裂缝诱导应力的叠加，可以快速突破应力干扰区域，向地层深处扩展。因此，在同步压裂方案下，中间裂缝有效裂缝长度会明显大于两侧裂缝有效裂缝长度。相反，两侧裂缝由于诱导应力的影响，发生明显偏转，形成短而宽的非平面裂缝。对于裂缝宽度，中间裂缝由于两侧裂缝的应力干扰，在近井筒区域裂缝开口过度闭合，这种现象会导致支撑剂过度嵌入，裂缝导流能力下降。

　　与顺序压裂相比，选择性顺序压裂能够降低缝间干扰应力的影响，形成更为平直的平面裂缝。无论使用顺序压裂还是选择性顺序压裂，在一定程度上增加压裂的簇间距都能降低缝间应力干扰，这与 Wang[163] 的研究结论一致。在分段压裂中，后续压裂的裂缝需要更高的井底注入压力以维持自身的扩展。相反，已压裂裂缝由于受到后续压裂裂缝的干扰，裂缝壁面承受较大压力，往往在近井地带裂缝会出现过度闭合，导致支撑剂过度嵌入。因此，无限度地增加射孔簇数而不考虑压裂方案，往往会导致过多无效裂缝的产生，从而降低储层的改造体积。因此在选择压裂方案时，需要综合考虑所选方案与射孔簇数及射孔间距的关系，降低缝间干扰应力的影响，避免产生过度曲折的非平面裂缝。

Kumar 和 Ghasemi[199] 发现两步法压裂可以用于小射孔簇间距下的水平井压裂，有效增加储层改造体积，在本章可以得到相似的结论。当使用两种两步法压裂时，多簇裂缝的扩展形态明显不一致。在两步法压裂方案下，首先压裂的中间裂缝沿最大主应力扩展，形成常规压裂的单一平面裂缝，而两侧裂缝由于缝间应力干扰发生剧烈偏转，这种现象在簇间距较小（10m）时尤为明显。当使用修改后两步法压裂时，两侧裂缝虽然会发生偏转，但相较于两步法压裂，其裂缝形态更简单，扩展路径更为单一。但中间裂缝将会受到强烈压制，形成短而宽的非平面裂缝。总的来说，第二阶段压裂的裂缝都会受到前期压裂裂缝的干扰，或发生偏转，或被抑制。使用修改后两步法压裂能够增加裂缝有效长度，从而最大化储层改造体积。

图 4-14 为不同压裂方案下有效裂缝长度。其中有效裂缝长度为裂缝扩展至地层的深度（即模型 Y 方向的有效长度）。结果表明，当射孔簇间距增加时，所有压裂方案下裂缝有效长度增加。在簇间距为10m，选择性顺序压裂和修改后两步法压裂相比于其他压裂方式，在造缝方面具有明显优势，其有效裂缝长度分别为156m 和155m。当簇间距增加到20m 时，顺序压裂和选择性顺序压裂有效裂缝长度有较大增长，而修改后两步法压裂的裂缝有效长度变化不大。因此，在

小射孔簇间距（10m）下，建议选用选择性顺序压裂和修改后两步法压裂。而当使用修改后两步法压裂时，增加簇间距似乎对增加裂缝有效长度意义不大。在所有压裂方案中，无论簇间距是 10m 还是 20m 时，选择性顺序压裂所取得的有效裂缝长度最大。

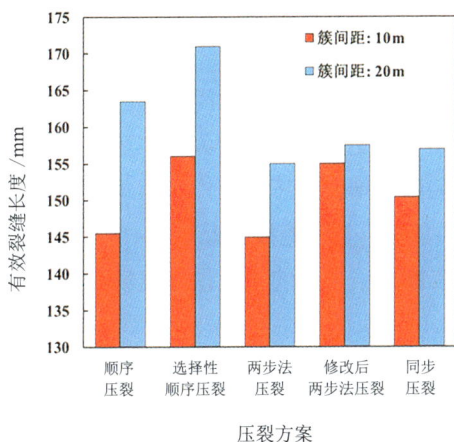

图4-14　不同压裂方案下裂缝有效长度

4.4　本章小结

本章基于扩展有限元法建立了三维水平井分段压裂裂缝扩展流-固耦合模型，使用黏聚力模型模拟了裂缝扩展过程。模型在低射孔簇间距下，对 5 种压裂方式裂缝扩展形态进行模拟，5 种压裂方式为同步压裂、顺序压裂、选择性顺序压裂、两步法压裂及修改后两步法压裂。在数值模拟基础上得出以下结论：

（1）簇间距是控制多簇裂缝扩展形态的关键因素。小射孔簇间距下，缝间应力干扰较强，裂缝扩展更为曲折，有效裂缝长度较小。此工况下的裂缝形态短而宽，裂缝形态复杂。

（2）使用不同压裂方案，裂缝扩展区域内的应力场分布会有极大差异。在射孔簇间距为 10m 时，选择性顺序压裂和修改后两步法压裂能够明显减小诱导应力的影响，形成长而窄的有效平面裂缝。使用以上两种压裂方式，裂缝有效长度得到明显增加，裂缝复杂程度也明显降低。

（3）当射孔簇间距增加时，顺序压裂和两步法压裂的有效造缝能力明显增强，形成的有效裂缝长度明显增加，后续压裂裂缝所受压制也明显减弱。

（4）同步压裂方案会强烈抑制中间裂缝的扩展，导致中间裂缝在近井地带过度闭合，支撑剂过度嵌入。在后续压裂过程中，支撑剂在裂缝中运移的阻力增强，压裂液注入困难。因此，在使用同步压裂时，优选较大的射孔簇间距极为重要。

本章所得数值模拟结果能够有效指导现场水平井方案设计及参数优选，最大化储层改造体积。

第5章 天然裂缝发育储层缝网扩展机理研究

5.1 天然裂缝发育储层缝网扩展数值理论及方法

页岩储层是典型的非常规资源，储层岩石具有渗透率低、基质输送能力差、天然裂缝发育明显等特点，例如 Marcellus 页岩、Barnett 页岩、Eagle Ford 页岩和 Woodford 页岩。近几十年来，水力压裂技术取得了长足的发展，已成为低渗透页岩储层增产应用最广泛的方法之一。对页岩露头和岩芯样本研究的结果表明，天然裂缝是影响页岩储层产量的一个重要因素，它可以增加或减少油气生产能力，同时提高或降低岩石强度。在水力压裂过程中，如果水力裂缝与天然裂缝相连，则水力压裂后的储层改造体积可能因打开现有天然裂缝而急剧增加，从而使得天然气和石油产量超过低孔低渗页岩的预期产量。然而，天然裂缝的存在对水力压裂方案设计及裂缝扩展形态控制提出了极大的挑战，一些学者对水力裂缝与天然裂缝的相交过程进行了研究。这些研究结果表明，在存在天然裂缝的情况下，水力裂缝的扩展与储层中没有天然裂缝的情况有本质的不同，其相互作用形态受众多因素（储层地质条件、压裂方案设计及完井方案等）影响。水力裂缝与天然裂缝的逼近角、储层应力差、天然裂缝的抗拉强度和长度、岩石弹性模量、泊松比等因素均会影响水力裂缝的扩展。同时，天然裂缝胶结强度、压裂液注入速率和压裂液黏度共同决定了水力裂缝能否穿透天然裂缝扩展。此外，流体滤失效应也是天然裂缝对水力裂缝扩展的限制性影响因素之一，水力裂缝与天然裂缝间的逼近角越小，天然裂缝强度和储层应力差越小，天然裂缝越容易扩展。虽然现有模型可以很好地模拟一条水力裂缝与一条天然裂缝相交后的扩展，但它并不能说明一条水力裂缝与多条天然裂缝的相互作用行为。近年来，随着水平井的大规模应用，分段压裂被认为是能够增加储层改造体积的有效方法。因此，有学者采用数值模拟的方法对复杂缝网的扩展进行了研究。这些研究成果表明，裂缝网络不仅受到天然裂缝分布的影响，还受到天然裂缝初始注入点压裂液注入速率大小和地应力状态的强烈影响[200]。同时，在页岩储层中，水力裂缝具有转向、扭转、分支、合并等特征，裂缝扩展路径较为复杂[118]，然而，影响被修正裂缝网络的主要因素是储层应力差、水力裂缝与天然裂缝的逼近角。在微地震监测事件中，可以对天然裂缝性油藏进行密集的分段压裂，以形成裂缝网络系统。其他因素，如应力干扰效应，增加了裂缝系统的复杂性，导致形成高度复杂的裂缝网络。然而，上述研究忽略了多裂缝的相互作用以及相邻水力裂缝分支之间的干扰效应。如果另一条水力裂缝扩展到与现有裂缝平行的应力阴影区域，它将受到大于初始地应力的压应力，因此需要更高的注入压力才能继续扩展。同时，随着水力裂缝尖端的接近，裂缝内净压力的增加很可能导致天然裂缝打开。

当前，通过水平井分段多簇压裂技术，构建多条主裂缝与天然裂缝间的复杂裂缝网络系统是开发天然裂缝性页岩储层的主要方法。其目的是通过形成多条裂缝来增加过流面积和产油量，但现场数据显示，过多的射孔簇可能对增加油气产量影响不大。这种现象的部分原因是应力阴影效应，即裂缝内部净压力在裂缝周围产生的诱导应力，致使多条水力裂缝所面临的扩展阻力改变，裂缝发生转向或停止扩展。此外，当多条水力裂缝同时扩展时，裂缝之间会出现应力干扰现象，导致主裂缝簇间压裂液分布不均匀，甚至出现部分裂缝簇间没有压裂液进入，水力裂缝呈现非平面化扩展。虽然应力干扰效应对多条水力裂缝的均匀扩展有负面影响，但它可以减小水平应力差，使水力裂缝更容易激活储层中的天然裂缝，增加储层改造体积。但是应力干扰引起的不可预测的应力场给压裂优化带来了很大的难度，特别是非均质性强、地应力条件复杂的致密储层，发生了井筒方向与最小主应力方向不平行的情况。因此，有必要明确多次水力压裂中应力干扰的机理。为提高油气采收率和压裂效率，通过理论分析、物理实验和数值模拟等手段，国内外学者对多扩展裂缝间应力干扰的机理进行了初步探讨。当采用水平井分段多簇压裂时，即使在完全均匀的地应力下，也会出现明显的多裂缝不均匀生长，裂缝间不可避免的应力干扰受裂缝簇间距、岩石力学参数、水平应力差等诸多因素的影响[201]。例如，在井距较小的情况下，多井同时压裂时，井间应力干扰强烈，抑制了内部裂缝的横向扩展，多重裂缝的扩展可能是不对称的[202,203]。储层非均质性也会影响水力裂缝的竞争扩展、增强应力阴影效应，导致裂缝间产生严重干扰。此外，由于应力场的复杂分布，射孔孔道内的竞争性裂缝起裂和扩展也会在井筒附近产生应力干扰效应，并可能在井筒附近形成螺旋形裂缝、水平 - 垂直交叉形裂缝、多层形裂缝等非平面和扭曲型水力裂缝。因此，在水力压裂中还需要优化射孔簇的数量、孔径等参数，以减少裂缝间的应力干扰。可以通过改变射孔直径和射孔孔道数量来控制射孔压降，从而在压裂阶段形成多条均匀裂缝，而限流法水平井压裂方案便是以此为基础，达到一次压裂中多裂缝均衡扩展的目的。研究发现，不同的压裂方式可以促进多裂缝的均匀扩展，与顺序压裂相比，交替压裂可以减少裂缝间干扰[204]，而交替压裂是通过在多个压裂阶段改变裂缝间的相对簇间距，从而完成多裂缝间的均衡扩展。除此之外，天然裂缝和层理面的不连续也会影响水力裂缝的扩展，在应力相互作用不确定的情况下，水力压裂过程中很难准确预测水力裂缝形态。虽然在应力干扰对多条水力裂缝扩展的影响机制方面已经取得了许多重要成果，但仍有一些需要改进的地方，主要表现在以下几个方面：在室内实验中，水力裂缝起裂与扩展不可避免地受到岩体内部层理面、节理、微裂缝等地质不连续的影响，导致多个射孔簇起裂具有一定的随机性，从而限制了实验的准确性。同时，由于现场实验费用高昂，很难进行大量的物理实验来准确描述多条水力裂缝起裂扩展的相互作用机制。在数值研究中，现有的水力压裂数值算法大多基于二维、准三维或平面三维数值方法，对复杂水力裂缝起裂和扩展全过程的三维数值模拟较少。近年来通过数值方法提出了全三维（3D）水力压裂模型。由于水力压裂是一个移动边界问题，是一个多尺度、强水 - 力耦合问题，水力压裂全三维数值计算将消耗大量资源，对计算性能要求很高。因此，为了提高水力压裂效率，在不同的压裂尺度下，一般采用不同的计算方法。

天然裂缝发育储层往往含有大量随机分布的天然裂缝和弱胶结，具有较强的非均质性和不连续性。而现场开发的主要手段就是通过体积压裂的方式，向储层泵入大量高压压裂液，以形成复杂的裂缝网络系统，从而增加储层的改造体积。天然裂缝发育储层水力裂缝的扩展不再是沿着水平最大主应力方向扩展的单一平面裂缝，而是曲折复杂的裂缝网络系统，其形成机理复杂，扩展路径难以预测。因此，天然裂缝网络系统形成机理的研究对现场水力压裂施工方案和参数优选具有重要指导意义。本章根据渗流 - 应力 - 损伤模型，使用带孔压节点的黏聚力单元，建立了天然裂缝储层缝网扩展模型。通过 Python 程序进行模型前处理，全局插入带孔压节点的黏聚力单元，以共享的孔压节点连通全局水力裂缝和天然裂缝，实现了天然裂缝与水力裂缝相交的模拟及传统有限元框架内裂缝网络系统的随机扩展，研究了水力裂缝和天然裂缝间相互作用关系对缝网形成的影响。与传统有限元模型相比，改进后的模型能够实现水力裂缝任意转向及与天然裂缝相互作用的模拟。此外，使用该模型对水平井多段压裂裂缝扩展进行了研究，实现了多段裂缝同时扩展时裂缝网络系统形成的模拟。此外，本章分别建立了压裂液等排量流入各簇裂缝及应力干扰下各簇裂缝压裂液随机分布的水平井多段分簇压裂水力裂缝竞争扩展模型。其中，压裂液等排量流入各簇裂缝数值模型假设压裂过程中流入各簇裂缝的压裂液排量相同，着重研究多簇裂缝竞争扩展过程中水力裂缝与天然裂缝间的相互作用机制，明确主控因素。而应力干扰下各簇裂缝压裂液随机分布模型，主要研究多簇裂缝扩展过程中水力裂缝间应力干扰的影响规律，明确天然裂缝性储层中水平井压裂多段多簇裂缝竞争扩展规律。本章所得结果对缝网优化及人工控制参数的选择具有重要指导意义。

5.2 压裂液等排量流入裂缝簇水力压裂模型

5.2.1 模型结构与验证

5.2.1.1 模型结构

本章模型采用全局插入的方式对水力裂缝和天然裂缝进行求解，其单元数量极其庞大，计算所消耗的时间很长。为了减小计算代价，本章采用 1/2 对称结构对天然裂缝发育储层进行模拟，建立了天然裂缝发育储层水平井分段多簇压裂流 - 固耦合二维模型。为了消除边界对裂缝扩展的影响，采用足够大的模型尺寸，即 1/2 模型在水平最大主应力方向的尺寸为 100m（Y 方向），而在水平最小主应力方向的尺寸为 200m（X 方向），模型结构如图 5-1 所示。

模型建立了不同地质及人工控制参数下的多组数值模型，并对缝网形成影响因素进行了敏感性分析。所有模型均认为各射孔簇裂缝同时起裂并随机扩展，因此各簇裂缝间的注入条件一致。关于射孔簇方案，建立了 3 种不同射孔簇方案模型，包括 2 簇、3 簇及 4 簇射孔模型，而射孔簇间距则有 30m、40m、50m、60m 不等。天然裂缝随机分布，其倾角为 60°，长度范围为 4~6m。因为水力裂缝扩展是一个耦合多种因素的非线性力学行为，所以本章引入了具有黏性控制参数的黏聚力单元，以保证模型的收敛性。本章模型使用的黏性控制参数为 0.01，其有效性和准确性已经在 2016ABAQUS 帮助手册中得到了验证。

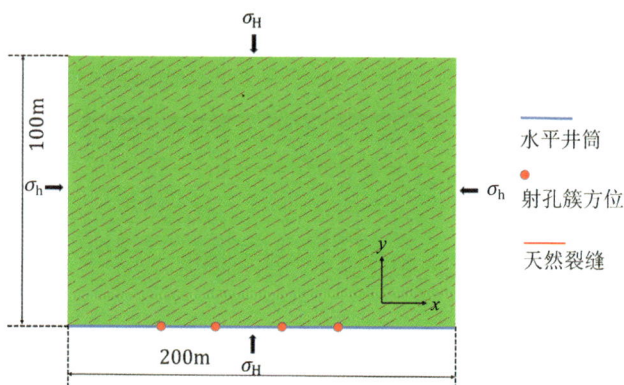

图5-1　天然裂缝倾角为60°时多簇裂缝扩展模型

为了避免网格过度差异对裂缝扩展形态造成影响，本章模型采用均一化网格尺寸，全局布种，使各网格之间尺寸的差异最小（全局网格尺寸为 1m），降低网格的奇异性。数值模拟结果表明，该网格划分方式在整个水力压裂求解过程中具有较高的准确性，有限元网格奇异对求解结果的影响也最小，能够有效求解天然裂缝发育储层缝网形成过程。通过上述网格设置，整个模型可以离散为 51005 个网格单元，包含 17085 个孔压平面应变单元（CPE4P）和 33920 个孔压黏聚力单元（COH2D4P）。CPE4P 和 COH2D4P 单元能够模拟岩石的孔隙压力特性及流体在裂缝中的压力传递。此外，为了研究水力裂缝和天然裂缝的相互作用关系，本章还建立了单条天然裂缝与水力裂缝相互作用模型，尺寸为 20m×30m，上述所有模型参数均来自四川东北部某页岩气田，如表 5-1 所示。此外，模型中应力分量均采用有效应力模式，即边界和储层中初始孔隙压力设置为 0MPa。本章所有模型均采用 ABAQUS standard 隐式求解器进行求解，求解过程中耦合了水力压裂问题中的多种因素。

表5-1　数值模型输入参数

范围	模型参数	参数值
岩石力学性质	弹性模量 E / GPa	17.2
	泊松比 v	0.175
	渗透率 k / mD	1
	孔隙度 / %	3.65
黏聚力单元属性	法向名义应力 t_n / MPa	1.4（天然裂缝）
		6（水力裂缝）
	第一切向名义应力 t_s / MPa	8（天然裂缝）
		12（水力裂缝）
	第二切向名义应力 t_t / MPa	8（天然裂缝）
		12（水力裂缝）
	法向断裂能 G_n / (J/m²)	300（天然裂缝）
		2000（水力裂缝）
	第一切向断裂能 G_s / (J/m²)	1500（天然裂缝）
		3000（水力裂缝）
	第二切向断裂能 G_t / (J/m²)	1500（天然裂缝）
		3000（水力裂缝）
压裂液注入参数	压裂液黏度 μ / (MPa·s)	1，50，100
	压裂液注入速率 / (m³/s)	0.0001，0.0005，0.001
初始孔隙压力	孔隙压力 / MPa	51.2
初始地应力条件	水平地应力 / MPa	51.2~66.2

5.2.1.2　模型验证

为了验证模型的准确性，本节建立了单簇压裂裂缝与天然裂缝相互作用的水力压裂流 - 固耦合模型。在单簇裂缝扩展过程中，使用不同倾角的天然裂缝，研究不同条件下水力裂缝与天然裂缝相互作用关系，并将所得结果与现有文献[25,28,205,206]的实验结果进行对比。文献[25,28,205,206]中对各种影响参数进行了敏感性分析，比如水平应力差、天然裂缝力学性质、天然裂缝与水力裂缝交叉角等。尽管数值模型参数与实验室参数有较大差异，但是考虑到模型尺寸效应的影响，本章所得数值模拟结果与实验结果吻合较好，能够用来模拟天然裂缝储层体积压裂缝网形成过程。

如图 5-2 所示，不同水平应力差下，天然裂缝与水力裂缝的作用方式不同。图中红色虚线为本章数值模型中水力裂缝在不同天然裂缝倾角下穿过天然裂缝时水平应力差的临界值。数值模拟结果表明，水力裂缝在不同水平应力差及天然裂缝倾角下，其相互作用方式不同。当水平应力差较高时，天然裂缝与水力裂缝相交，水力裂缝倾向于直接穿过天然裂缝。而在低水平应力差下，水力裂缝常常会打开天然裂缝并沿天然裂缝扩展。这说明低水平应力差更有利于水力裂缝沟通天然裂缝，形成复杂缝网，有效增加储层改造体积。天然裂缝倾角大小依然决定着裂缝网络系统形态，随着天然裂缝倾角的增加，水力裂缝穿过天然裂缝的概率越大，而当天然裂缝倾角接近 90° 时，水力裂缝仅在低水平应力差下才能打开天然裂缝，而这种地质条件是非常苛刻的。通过大量的数值模拟及实验结果对比，本章数值模拟结果与文献[25,28,205,206]实验结果基本一致，说明该模型在模拟天然裂缝与水力裂缝相互作用关系上具有较高的准确性，能够用于水力压裂缝网扩展的模拟。

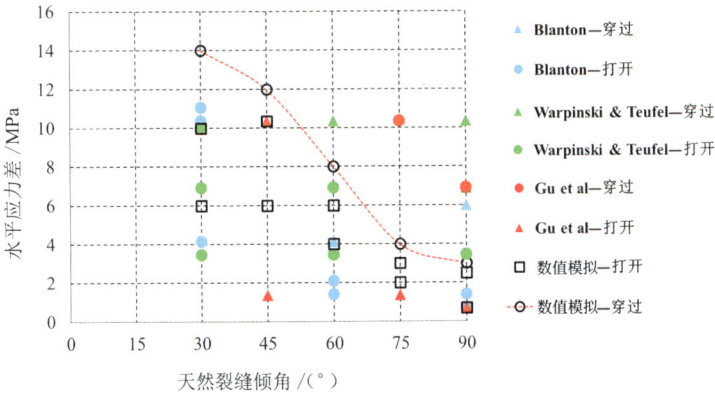

图5-2　不同天然裂缝倾角和水平应力差下数值模拟与室内实验对比结果

　　结果表明，在大天然裂缝倾角和高水平应力差下，水力裂缝更容易穿过天然裂缝，这种地质条件不利于沟通天然裂缝网络形成复杂缝网。特别地，当天然裂缝倾角为90°时，水平应力差为3MPa左右，水力裂缝就会穿过天然裂缝。图5-3为不同水平应力差和天然裂缝倾角下裂缝扩展形态。当水平应力差 $\delta\sigma \leqslant 2$MPa 时（压裂液注入速率 $Q=0.0005\text{m}^3/\text{s}$），无论天然裂缝倾角为多少，水力裂缝与天然裂缝相交后，均会打开天然裂缝，并沿天然裂缝两侧扩展［图 5-3（a）、（d）、（g）］。当水平应力差增大时，水力裂缝打开天然裂缝，但仅沿与水力裂缝夹角较大的一侧扩展［图 5-3（b）、（e）、（h）］。当水平应力差足够大时，水力裂缝与天然裂缝相交后并不会打开天然裂缝，而是直接穿过天然裂缝，形成简单的平面裂缝［图 5-3（c）、（f）、（i）］。

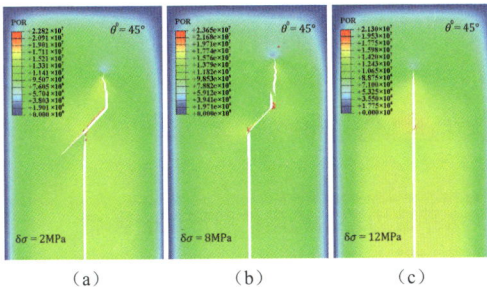

（a）　　　　　　　（b）　　　　　　　（c）

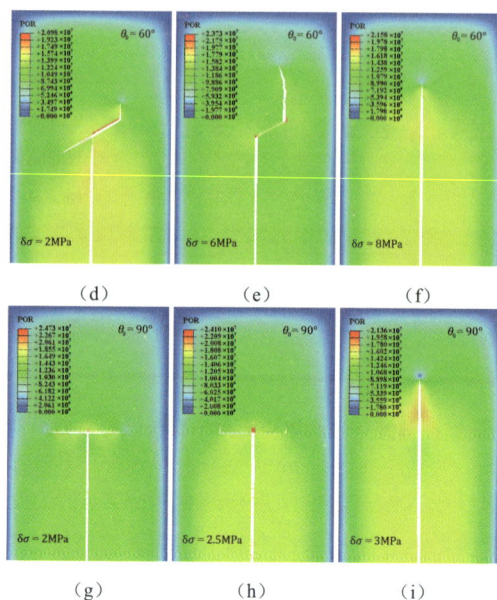

图5-3 不同天然裂缝倾角和水平应力差对水力裂缝扩展的影响

θ_0—天然裂缝倾角；$\delta\sigma$—水平应力差

综上所述，水平应力差和天然裂缝倾角是控制水力裂缝与天然裂缝作用方式的关键因素。当水平应力差和天然裂缝倾角增大时，水力裂缝更容易穿过天然裂缝，形成单一平面裂缝。因此在低水平应力差和小天然裂缝倾角的储层中，水力裂缝更容易打开并沟通更多天然裂缝，形成复杂的裂缝网络系统，最大化储层改造体积。本章数值模拟结果与已有实验结论[22,207]相一致，说明该模型能够有效模拟天然裂缝与水力裂缝间的相互作用过程。

5.2.2 数值模拟结果及分析

5.2.2.1 水平应力差对缝网扩展形态的影响

水平应力差是决定水力裂缝扩展形态的重要因素，天然裂缝发育的储层又决定着天然裂缝与水力裂缝的相互作用方式，因此研究水平应力差对缝网扩展形态的影响极为重要。此外，水平井压裂往往使用多簇多段压裂，多簇裂缝同时扩展会产生诱导应力，缝间干扰极为严重。在此种情况下，裂缝扩展路径更为曲折，缝网形态格外复杂。而高水平应力差往往会降低缝网的复杂程度，使水力裂缝更多地穿过天然裂缝，沿水平最大主应力方向扩展，形成简单平面裂缝。根据上述研究内容，本节建立了 4 组不同水平应力差下水平井多簇压裂裂缝扩展模型，对水平应力差敏感性进行了研究。其中，设定天然裂缝倾角 $\theta_0=60°$，压裂液注入速率 $Q=0.0005\text{m}^3/\text{s}$，压裂液黏度 $\mu=1\text{MPa·s}$。为了简化模型，所有模型中均采用簇间距为 40m 的两簇裂缝进行压裂，压裂中两簇裂缝同时起裂。数值模拟结果如图 5-4 所示。

　　数值模拟结果表明，当水平应力差增大时，水力裂缝更容易穿过天然裂缝，形成垂直于水平最小主应力方向的平面裂缝，所得结论与 Zou 等人的结果完全吻合[58]。如图 5-4（a）所示，当水平应力差 $\delta\sigma=2\text{MPa}$ 时，水力裂缝从射孔方位起裂，并沿水平最大主应力方向扩展。在近井地带与天然裂缝相交时，往往会打开天然裂缝，并沿天然裂缝单侧扩展，致使裂缝网络在近井地带形态复杂，路径曲折。随后，由于多簇裂缝同时扩展，在后续压裂过程中裂缝间应力干扰逐渐增强，水力裂缝形态也更为复杂。由于缝间应力干扰，水力裂缝趋于背离彼此扩展，这使得右侧裂缝更多地打开天然裂缝，而左侧裂缝更多地穿过天然裂缝。出现这种现象的主要原因是天然裂缝小倾角方向与右侧裂缝偏转方向一致，而与左侧裂缝偏转方向相反。

　　当水平应力差逐渐增大时，缝间应力干扰影响减弱，水力裂缝偏转程度降低。如图 5-4（d）所示，当水平应力差 $\delta\sigma=8\text{MPa}$ 时，水力裂缝趋于穿透天然裂缝并沿水平最大主应力方向扩展。对于已打开的天然裂缝，水力裂缝在天然裂缝中段也会发生转向，偏离天然裂缝扩展。此种应力条件下，裂缝网络系统趋于单一，储层改造体积较少[188,208]。此外，由于诱导应力影响，多簇裂缝扩展时会受到较大的压制，裂缝网络体积减小。如图5-4（b）、（c）所示，左侧裂缝扩展明显受到抑制，有效裂缝长度显著降低。因此，低水平应力差更有利于水力裂缝沟通更多天然裂缝，形成复杂裂缝网络系统。

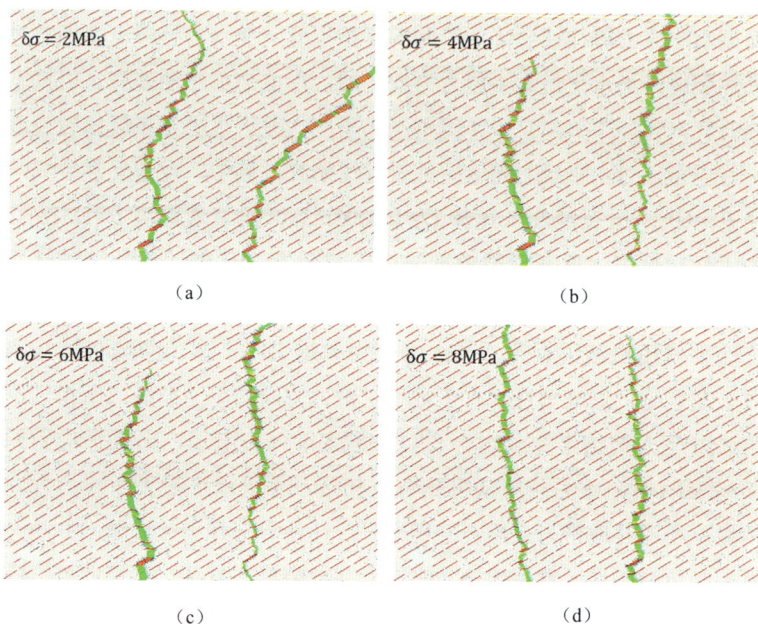

（a）　　　　　　　　　　　　　　（b）

（c）　　　　　　　　　　　　　　（d）

图5-4　不同水平应力差下缝网扩展形态

由于天然裂缝分布方式的不同，缝间干扰应力也会改变水力裂缝与天然裂缝间的相互作用模式，增加或降低水力裂缝穿透天然裂缝的概率。

本节数值模拟结果表明，当水平应力差较小时，天然裂缝发育储层更容易形成复杂裂缝网络系统，一般需要水平应力差 $\delta\sigma < 8MPa$。如图5-5所示，随着水平应力差的增大，裂缝网络有效长度逐渐降低。当水平应力差从2MPa增加到8MPa时，裂缝网络有效长度下降了38.26m。而当水平应力差从6MPa增加到8MPa时，

裂缝网络有效长度仅仅降低了 0.8m。这种现象说明，在高水平应力差下，水力裂缝形态变化趋于一致，此时增加水平应力差对裂缝网络有效长度的影响极小。因此，低水平应力差条件下有利于压裂液打开天然裂缝，形成裂缝网络系统，有效增加储层改造体积。在进行地质参数评价时，对水平应力差影响作评价极为重要。

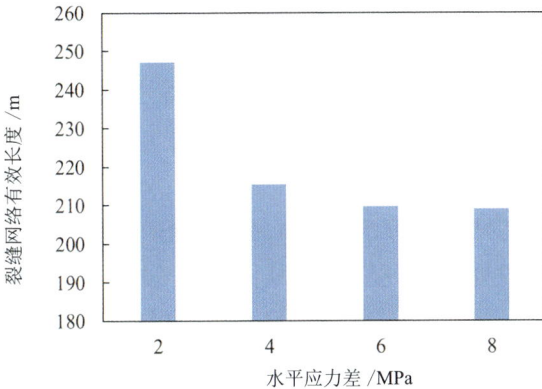

图5-5　不同水平应力差下裂缝网络有效长度

5.2.2.2　射孔簇间距对缝网扩展形态的影响

　　射孔参数能够明显改变水平井分段多簇压裂缝网扩展形态，其中，簇间距对控制多簇裂缝同时扩展时的缝间干扰极为重要。现有研究表明，当裂缝簇间距增加时，缝网之间的相互干扰会减弱，水力裂缝能更多地沟通天然裂缝，增加储层改造体积。当射孔簇间距较小时，缝间干扰较大，水力裂缝更多穿过天然裂缝或打开天然裂缝后背离天然裂缝扩展，形成的缝网形态简单[209-213]。根据上述研究，本节建立 4 组不同簇间距下的水力裂缝网络扩展模型，对簇间距影响缝网扩展形态进行敏感性分析，其簇间距包括 30m、40m、50m、60m。其余控制参数为：$Q=0.0005\text{m}^3/\text{s}$，$\mu=1\text{MPa·s}$，$\delta\sigma=3\text{MPa}$。数值模拟结果如图 5-6 所示，结果表明，不同射孔簇间距对缝网扩展形态影响明显。

随着簇间距的增加，相邻裂缝间的应力干扰逐渐减弱，使得水力裂缝打开更多天然裂缝，裂缝网络体积增加，储层改造体积增加。当裂缝簇间距 $D=30m$ 时［图5-6（a）］，水力裂缝从射孔方位起裂，并沿水平最大主应力方向扩展，随后与天然裂缝相交，裂缝形态发生改变。随着压裂的进行，缝间干扰逐渐加强，两簇裂缝在各自扩展方向上发生明显偏转。此外，由于天然裂缝分布不均及储层的非均质性，一簇裂缝能快速扩展，突破应力干扰区域，而另一簇裂缝受到压制，扩展困难。受压制裂缝的宽度较大，且有效裂缝长度会低于未被压制裂缝。与簇间距 $D=30m$ 相比，当射孔簇间距增加时，水力裂缝缝间干扰减弱，裂缝受压制的程度也减弱。此外，裂缝尖端的转向程度也减弱，特别是当簇间距为 60m 时，缝间干扰最弱，裂缝形态最有利于最大限度地增加储层改造体积［图5-6（d）］。为了使储层改造体积最大化，需要使水力裂缝更多地沟通天然裂缝，同时尽量扩展至地层深部，而适当增加射孔簇间距刚好能满足上述要求。因此，现场想要增加储层产量可以根据储层地质参数，合理调整射孔簇间距大小。

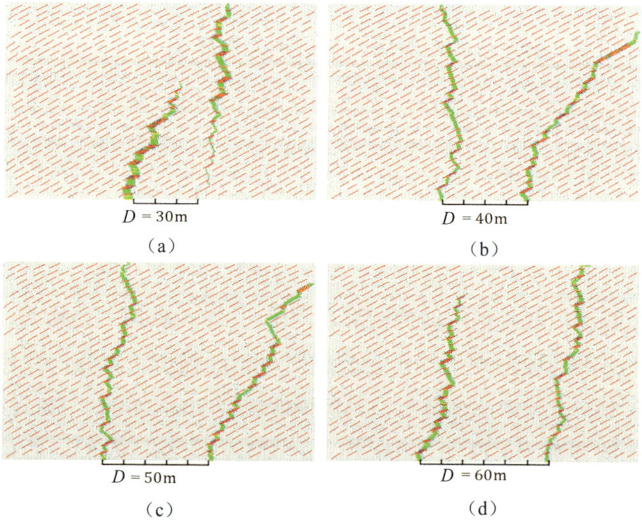

图5-6　不同簇间距下缝网扩展形态

现有研究表明，在低水平应力差下，减小射孔簇间距能够明显增加裂缝网络的复杂程度 [214]。然而，本节数值模拟结果得出了相反的结论。当水平应力差较低时，多簇裂缝扩展缝间干扰严重，水力裂缝发生不同程度的转向，无法有效延伸至储层深部。而当射孔簇间距较小时，各簇裂缝间的干扰加剧，可以明显观察到水力裂缝穿透天然裂缝的概率增加，裂缝网络体积降低，储层改造体积减小 [215]。如图 5-7 所示，当射孔簇间距从 30m 增加到 40m 时，水力裂缝网络有效长度明显增加，从 186.4m 增加到 245.4m。然而，当射孔簇间距大于 40m 时，水力裂缝网络有效长度虽有增加，但增加幅度较小（从 40m 到 60m 仅增加了 12.2m）。为了减小多簇裂缝间的缝间干扰，同时使缝网波及范围最大化，本章推荐使用簇间距为 40~60m。

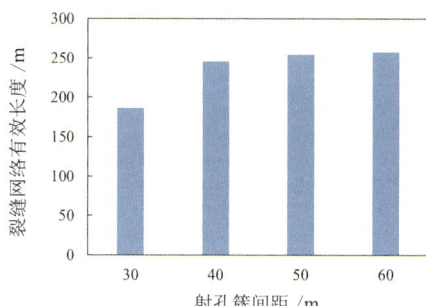

图5-7　不同簇间距下裂缝网络有效长度

5.2.2.3　压裂液注入速率对缝网扩展形态的影响

压裂液注入速率对缝网形成和裂缝扩展形态具有较大的影响，也是人工控制裂缝网络体积的重要参数。增加压裂液注入速率往往会增加水力压裂井底注入压力，使裂缝扩展速度加大，更容易突破近井地带的应力干扰，扩展至地层深处。但在天然裂缝发育储层，过大的压裂液注入速率会明显改变水力裂缝与天然裂缝的作用方式，不利于最大限度地沟通天然裂缝，因此研究压裂液注入速率对缝网扩展形态的影响极为重要。现有研究表明，增加压裂液注入速率，井底注入压力会快速增加，水力裂缝穿透天然裂缝的概率也会明显增加。因此本节建立了不同压裂液注入速率下的3组数值模型以研究压裂液注入速率对缝网扩展形态的影响。其中天然裂缝倾角设置为60°，水平应力差、压裂液黏度及射孔簇间距分别设置为3MPa、1MPa·s以及40m。压裂液注入速率 Q 分别为0.0001m³/s、0.0005m³/s、0.001m³/s，数值模拟结果如图5-8所示。

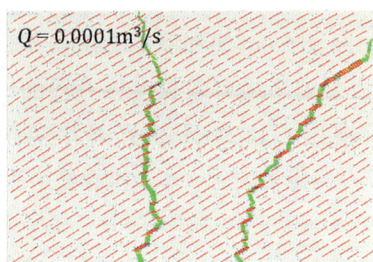

（a）

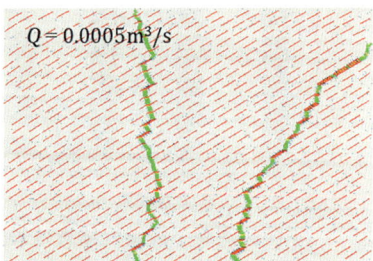

（b）

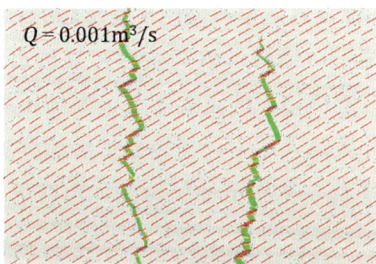

（c）

图5-8　不同压裂液注入速率下缝网扩展形态

数值模拟结果表明，不同压裂液注入速率下，水力裂缝从射孔方位起裂，在近井地带与天然裂缝相交，激活天然裂缝。当压裂液注入速率较低时（0.0001m³/s），水力裂缝倾向于打开天然裂缝，并沿天然裂缝方向扩展，沟通较多的天然裂缝，形成较大的裂缝网络体积［图 5-8（a）］。而当压裂液注入速率增加到 0.0005m³/s 时，水力裂缝穿透天然裂缝的概率增加，而且随着压裂的进行，缝间干扰也强于低注入速率压裂裂缝。

如图 5-8（b）所示，相较于低注入速率压裂裂缝，使用高注入速率压裂方案时，左侧裂缝穿透天然裂缝数量明显增多，而右侧裂缝似乎更加贴近于天然裂缝方向扩展。当压裂液注入速率增加到 0.001m³/s 时［图 5-9（c）］，水力裂缝打开天然裂缝后，由于较大的缝内压力，在天然裂缝中段便背离天然裂缝扩展，形成较为笔直的裂缝网络系统。此状况下，水力裂缝沟通天然裂缝的效率降低，储层缝网复杂程度和有效改造体积下降。

较高的压裂液注入速率能够增加裂缝缝内压力，同时增加水力裂缝穿透天然裂缝的概率，明显降低裂缝网络的复杂程度。如图 5-9 所示，为不同压裂液注入速率下水力裂缝网络有效长度。结果表明，当压裂液注入速率从 0.0005m³/s 增加到 0.001m³/s 时，裂缝网络有效长度明显降低，导致流体通道及储层有效渗透率降低。由于高压裂液注入速率提供较大的缝内压力，水力裂缝在近井地带穿透天然裂缝的概率升高，裂缝网络能够穿透更多天然裂缝并扩展至地层深处。但当压裂液注入速率从 0.0001m³/s 增加到 0.0005m³/s 时，裂缝网络有效长度出现反常增长。这主要是由于随着压裂的进行，水力裂缝间干扰逐渐加强，导致高注入速率下右侧裂缝更贴近天然裂缝方向扩展，沟通天然裂缝的概率增加。总的来说，高压裂液注入速率能够增加缝内扩展压力，增加水力裂缝穿透天然裂缝的概率，随着裂缝扩展，缝间干扰增强，水力裂缝穿透天然裂缝的概率更大。通过控制不同时段压裂液注入速率，能使储层改造体积最大化。因此采取变注入速率压裂可能成为缝网压裂中一种重要的人工控制手段。

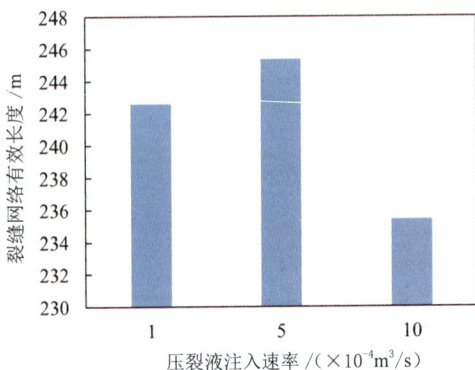

图5-9 不同压裂液注入速率下的裂缝网络有效长度

5.2.2.4 压裂液黏度对缝网扩展形态的影响

天然裂缝储层水力压裂过程中，裂缝网络形态与压裂液性质息息相关。研究表明，压裂液黏度和压裂液注入速率决定着缝内扩展压力，而裂缝网络缝内扩展压力决定着缝网的复杂程度。为了研究压裂液黏度对裂缝网络形成的影响，本节建立了 3 组不同压裂液黏度下缝网扩展模型，数值模拟结果如图 5-10 所示。在此模型中，水平应力差、压裂液注入速率和射孔簇间距分别设定为 3MPa、0.0005m³/s、40m。

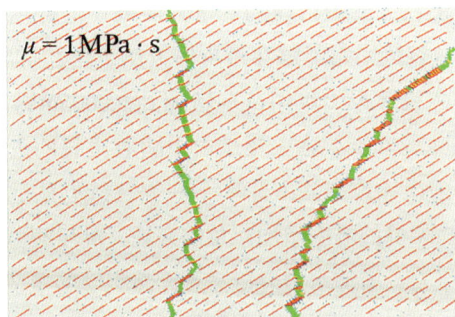

（a）

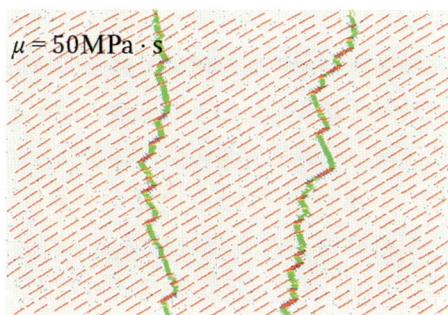

（b）

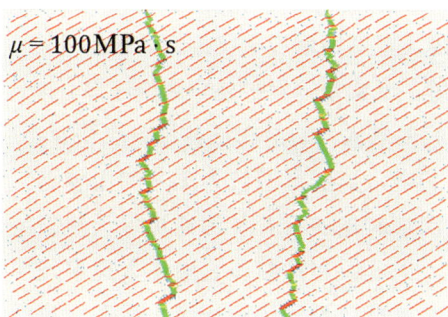

（c）

图5-10　不同压裂液黏度下缝网形态

结果表明，压裂液黏度能明显改变缝网形态，特别是在高黏度压裂液注入条件下。如图 5-10（a）所示，在低黏度压裂液注入条件下，水力裂缝更倾向于打开天然裂缝，并沟通更多的天然裂缝，形成复杂的裂缝网络系统。随着压裂的进行，低黏度压裂裂缝缝间干扰增强，各簇裂缝间更容易背离彼此扩展。这主要是因为裂缝扩展过程中，右侧裂缝会打开更多天然裂缝，沿天然裂缝方向扩展。而左侧裂缝则试图沿天然裂缝的垂直方向扩展，但由于缝内压力较低，左侧裂缝无法穿透天然裂缝，依旧沿天然裂缝方向扩展。

如图 5-11（b）、（c）所示，当压裂液黏度分别增加到 50MPa·s 和 100MPa·s，水力裂缝相较于低黏度下整体形态变得更加笔直。观察发现，在高黏度压裂液注入情况下，虽然水力裂缝依然能打开天然裂缝，并沿天然裂缝方向扩展，但大多数在天然裂缝中段就背离天然裂缝，继续沿水平最大主应力方向扩展。因此可得出，在高黏度压裂液压裂下，水力裂缝更容易背离天然裂缝方向扩展，形成笔直单一的裂缝网络。值得注意的是，当压裂液黏度从 1MPa·s 增加到 50MPa·s 时，裂缝网络形态变化较为明显，而当压裂液黏度从 50MPa·s 增加到 100MPa·s 时，裂缝网络形态变化不大。说明在低黏度范围内，增加压裂液黏度对裂缝网络形态的影响较大；而在高黏度范围内，增加压裂液黏度，水力裂缝网络形态变化不大。

现场为了最大限度地增加储层改造体积，既希望水力裂缝沟通更多的天然裂缝，又希望缝网扩展至地层深部，沟通更大面积的未动用储层。这就要求水力裂缝在近井地带更快穿透应力干扰区域，穿过更多天然裂缝，形成形态较为单一的主裂缝。又要求当主裂缝扩展至地层深部时能够打开和沟通更多天然裂缝，形成复杂的裂缝网络系统。因此，和控制压裂液注入速率规律一致，需要在压裂初期使用高黏度压裂液进行压裂，而在压裂后期使用低黏度压裂液进行压裂。

如图 5-11 所示为不同压裂液黏度下裂缝网络有效长度。当压裂液黏度为 1MPa·s 时，水力裂缝网络有效长度最大，可以达到 254.4m。随着压裂液黏度的增加，缝网有效长度逐渐减少。不同的是在低黏度范围内有效长度降幅较为明显，而在高黏度范围内降幅不大。说明在水力压裂过程中，要想取得较大的裂缝网络体积，必须不断降低压裂液黏度。而当压裂液黏度较低时，又会降低其携砂能力，造成水力裂缝过早堵塞。因此发展低黏度且携砂能力强的压裂液体系是增加缝网改造体积的关键。

此外，如果现场压裂液黏度过高，在高黏度范围内不仅无法增加储层改造体积，还会过度增加缝内扩展压力，增加压裂液在缝内的摩阻，使压裂风险升高。过大的缝内压力还会导致裂缝过度张开，水力压裂能量过度浪费在裂缝宽度增长方面，不利于缝网扩展至储层深部。因此，现场建议选择低黏度且携砂能力强的压裂液体系进行压裂，并且在不同压裂段进行变黏度调整，以适应不同时期裂缝网络体系要求（前期穿过应力干扰区域，后期打开更多天然裂缝），最大限度沟通未动用储层，形成较复杂的裂缝网络体系，从而增大储层有效渗透率。

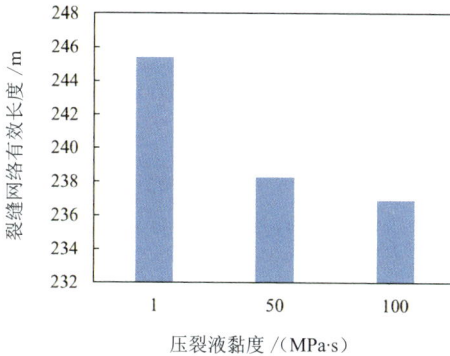

图5-11　不同压裂液黏度下裂缝网络有效长度

5.2.2.5　射孔簇数对缝网扩展形态的影响

由于缝间应力干扰，不同水力压裂方案能够明显改变裂缝扩展形态。对于天然裂缝发育储层，往往采用水平井多段多簇压裂的方式来最大限度增加储层改造体积。而增加每段射孔簇的数量往往能达到增加有效裂缝长度的目的。但大量研究表明，当射孔簇数增加时，缝间应力干扰会增强，过多增加射孔簇数对增加储层改造体积会起到相反的作用。因此本节建立不同射孔簇数下水力裂缝扩展模型，对射孔簇数影响缝网形态进行了敏感性研究。为了增强数值模拟结果的可比性，本组模型中采用天然裂缝倾角为 60°，压裂液注入速率 Q 和压裂液黏度 μ 分别为 0.0005m³/s、1MPa·s，射孔簇间距 D 统一采用 40m，水平应力差 $\delta\sigma=3$MPa。射孔簇分别采用 2 簇、3 簇和 4 簇。数值模拟结果如图 5-12 所示。结果表明，多簇裂缝同时扩展时，裂缝由于诱导应力，相互干扰严重，此时多簇裂缝间的缝间干扰成了控制缝网扩展形态的主要因素。各簇裂缝诱导应力相互叠加，会使原始地应力的大小和方向改变，造成主裂缝在不同方向发生不同程度的偏转。同时，缝间干扰会对各簇裂缝的扩展产生不同程度的压制，导致裂缝扩展阻力增加，更多的能量会耗费在增加缝宽方面，致使裂缝无法扩展至储层深部。

如图 5-12（a）、（b）所示，2 簇裂缝同时扩展时，左侧裂缝受干扰应力的影响，扩展受到压制。当 $t=1200s$ 时，其扩展深度明显小于右侧裂缝。而当 $t=500s$ 时，左、右两簇裂缝的扩展深度几乎一致。说明随着裂缝的扩展，各簇裂缝间的干扰逐渐加强，而缝间干扰对簇间裂缝的抑制往往发生在压裂后期。此时，被压制裂缝宽度较大，扩展深度较小。图 5-12（c）、（d）为 3 簇射孔缝网扩展形态。与 2 簇射孔缝网扩展形态相似，在压裂前期，裂缝扩展形态趋于一致，延伸扩展深度也趋于一致。但到压裂后期，由于干扰应力的影响，中间裂缝受到压制，扩展深度明显小于两侧裂缝，裂缝宽度明显大于两侧裂缝。而两侧裂缝趋于背离彼此扩展，同时由于中间裂缝应力干扰，两侧裂缝靠近中间裂缝的区域，裂缝趋于闭合，裂缝宽度明显小于中间裂缝。当射孔簇数为 4 时［图 5-12（e）、（f）］，在压裂后期，缝间干扰明显强于上述两种方案。具体表现为，4 簇裂缝中仅有最右侧一簇裂缝能快速扩展至地层深部，而其他 3 簇裂缝则受到强烈压制，扩展深度较最右侧裂缝短。

（a）   （b）

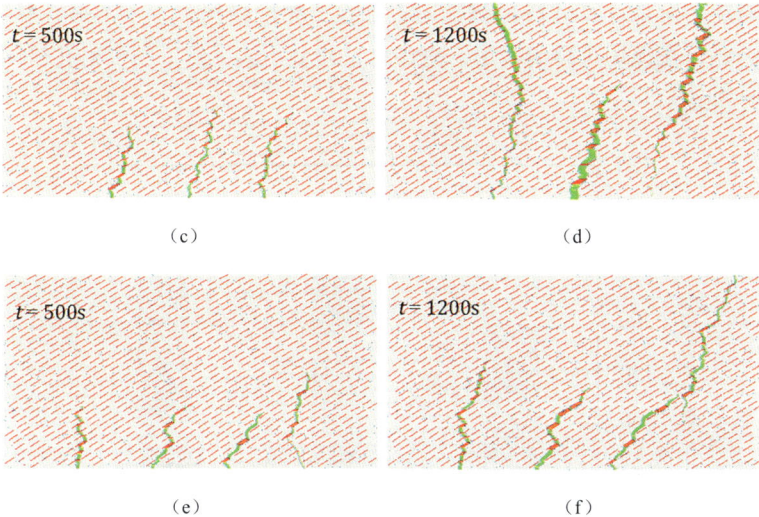

图5-12　不同射孔簇数下不同压裂时间缝网形态

（a）、（b）2簇射孔；（c）、（d）3簇射孔；（e）、（f）4簇射孔

在扩展后期，由于天然裂缝分布及缝间干扰，会出现裂缝逼近扩展的现象，致使互相逼近的裂缝形态复杂，出现过度张开或闭合的现象。因此，过度增加射孔簇数不一定能使储层改造体积最大化，在现场设计时应该综合考虑射孔簇数与射孔簇间距的关系，避免缝间应力干扰增强，裂缝动态扩展形态过于曲折。

增加射孔簇数能够有效增加水力裂缝与天然裂缝接触的概率，沟通更多的天然裂缝，增加裂缝网络体积。但是，射孔簇数增加，从而每段压裂所需扩展的裂缝数量增加，致使水力裂缝间应力干扰增强，各簇裂缝更容易发生转向，缝网形态难以控制。图 5-13 为不同射孔簇数下裂缝网络有效长度。随着射孔簇数的增加，裂缝网络有效长度明显增加，当射孔簇数为 4 时，有效长度达到 315.4m，而射孔簇数为 2 时，有效长度仅为 196.4m。但是当射孔簇数为 3 时，有效长度已经达到了 278.6m。说明当射孔簇数从 3 增加到 4 时，缝间应力干扰已经明显增强，使得单簇裂缝增加储层改造体积的能力降低。在此种情况下，不推荐在相同簇间距下增加射孔簇。因此，在现场压裂实践中，应该尽量避免小簇间距下的多射孔簇同时压裂。

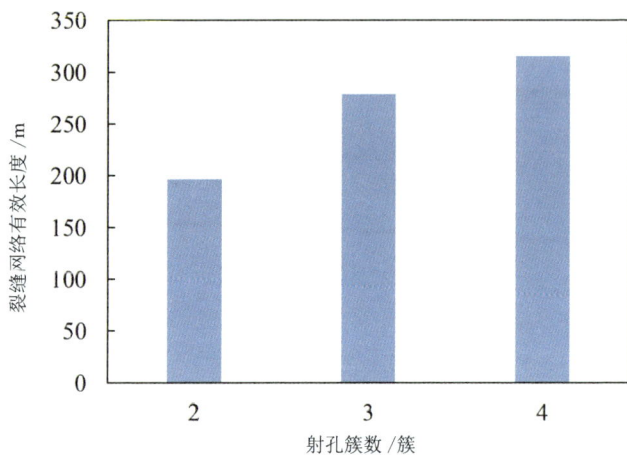

图5-13　不同射孔簇数下裂缝网络有效长度

5.3　应力干扰下各簇裂缝压裂液动态随机分布水力压裂模型

5.3.1　模型结构与验证

在本节研究中，基于孔隙压力黏聚力（Pore Pressure Cohesive Zone，PPCZ）方法建立了二维有限元水力压裂裂缝扩展模型，分析了应力干扰情况下，通过暂堵已完成扩展的主裂缝，促进未扩展或被抑制扩展的裂缝持续扩展，明确多主裂缝间的竞争扩展情况。此外，通过自定义射孔单元连接离散的裂缝网络模型，实现上述过程中压裂液动态分配过程的模拟。研究结果表明，通过暂堵可以减少应力干扰的影响，使多条裂缝均匀扩展，但由于多裂缝扩展所形成的干扰应力及裂缝间的竞争扩展，压裂过程中将会形成非对称的单翼裂缝。本节研究还验证了各种关键参数，如簇间距、压裂液注入速率、天然裂缝密度（天然裂缝总长度与储层面积之比）和天然裂缝倾角对天然裂缝性储层水力裂缝竞争扩展的影响。研究发现，致密的天然裂缝为水力裂缝创造了更多的连通条件，从而影响了裂缝网络的复杂性，最终决定储层改造体积的大小。簇间距的减小会导致裂缝形态扭曲和扩展路径的改变，从而有可能终止裂缝的扩展。较高的压裂液注入速率会增加井底注入压力，可能抑制裂缝扩展，但也有助于裂缝穿过应力干扰区域形成不对称裂缝，且裂缝更有可能沿倾角较大的方向扩展。当考虑裂缝形态和应力干扰，天然裂缝倾角接近 45° 时，裂缝扩展能力增强，增产效果更好。该研究为研究裂缝竞争扩展机制提供了有意义的视角，并为现场压裂方案设计提供了参考。

5.3.1.1　模型结构

本模型采用 4 节点双线性位移 - 孔压单元（CPE4P）对岩石基质物理力学性质进行表征，为表征水力裂缝与天然裂缝的相互作用关系，实现复杂缝网的随机扩展，在相邻岩石基质单元边界嵌入 6 节点 0 厚度孔压黏聚力单元（COH2D4P），该单元可以有效模拟水力裂缝的扩展过程。孔压黏聚力单元的结构如图 5-14 所示，一个单元内包含 4 个位移节点和 6 个孔压节点，其中 2 个孔压节点位于单元的中间层。COH2D4P 单元通过 Python 自编单元程序嵌入位移 - 孔压单元边界，采用损伤力学及线弹性断裂力学原理，实现水力裂缝与天然裂缝间的相互作用扩展。在嵌入过程中，每个黏聚力单元中间层均含有一个孔压节点，彼此互不联通（如图 5-14 步骤 2 所示），无法有效模拟连续裂缝间压裂液的连续性流动。因此，本模型中将连续裂缝间黏聚力单元间的孔压节点融合成一个孔压节点，确保有效模拟复杂缝网间流体的连续性流动（如图 5-14 步骤 3 所示）。

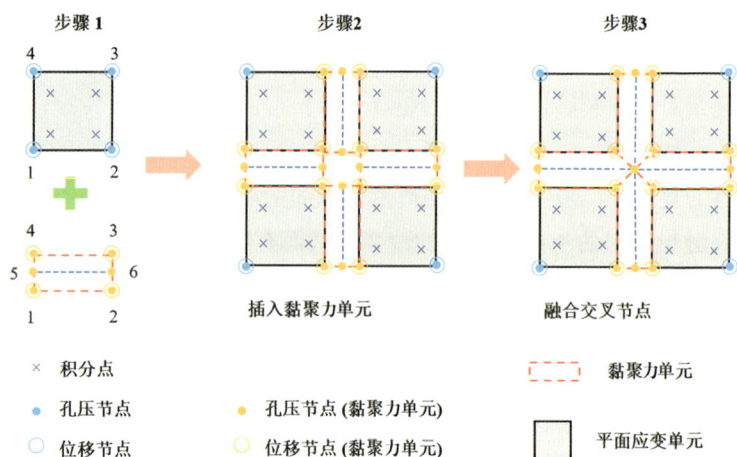

图5-14　黏聚力单元全局嵌入及节点联通方案

　　采用上述方法，可以在裂缝相交处模拟压裂液在裂缝系统内的流动，实现水力裂缝与天然裂缝间相互作用的模拟。图5-15给出了水力压裂过程中数值模型的示意图。模型尺寸为80m×100m，水平井位于纵轴的中点（用虚线表示）。为了保证裂缝的稳定扩展不受网格尺寸的影响，同时最大限度地提高计算效率和精度，采用0.5m×0.5m的均匀单元网格尺寸，这种方法在之前的研究中得到了验证。天然裂缝的几何参数决定了裂缝扩展过程中裂缝网络的复杂程度，比如天然裂缝长度（设定为2~7m）、分布密度等参数。为确保数值求解的准确性，模型边界条件采用位移约束，并根据有效应力原理，在整个模型及边界均匀施加0MPa的孔隙压力。水平井眼的方位定义在垂直于水平最大主应力方向，与现场压裂完井方案一致。表5-2为本模型中使用的其他储层及压裂施工参数。由于应力干扰的影响，一个压裂段在压裂过程中仅会有少数裂缝扩展至储层深部，因此不同压裂阶段裂缝簇的起裂及扩展顺序无法确定。在本节模型中采取暂堵措施后，裂缝的起裂顺序由干涉应力和裂缝扩展路径决定，具有很高的不确定性。因此，本节研究采用 3 簇 TPSF（Temporarily Plugging Staged Fracturing，多段暂堵压裂）模型分析影响裂缝起裂和扩展的关键因素（天然裂缝密度、簇间距、天然裂缝倾角和压裂液注入速率），以明确多应力干扰情况下多簇裂缝竞争扩展机理。

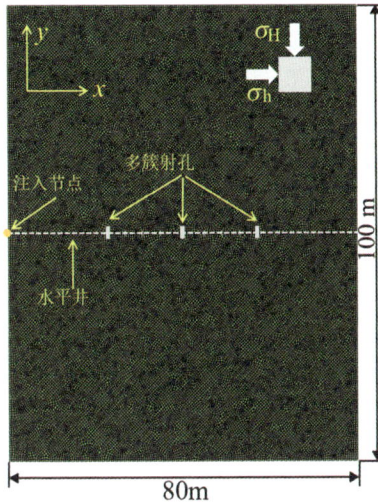

图5-15 数值模型几何结构及网格优化方案

表5-2 水力裂缝及天然裂缝水力压裂方案参数表

范围	模型参数	参数值
岩石力学性质	弹性模量 E	20GPa
	泊松比 υ	0.2
	渗透率 k	1mD
	孔隙度	4.5%
水力裂缝性质	法向名义应力 t_n	4MPa
	第一切向名义应力 t_s	10MPa
	第二切向名义应力 t_t	10MPa

续表

范围	模型参数	参数值
水力裂缝性质	法向能量释放率G_n^C	$100\mathrm{N/m}^2$
	第一切向能量释放率G_s^C	$1000\mathrm{N/m}^2$
	第二切向能量释放率G_t^C	$1000\mathrm{N/m}^2$
天然裂缝性质	法向名义应力t_n	1.2MPa
	第一切向名义应力t_s	8MPa
	第二切向名义应力t_t	8MPa
	法向能量释放率G_n^C	$80\mathrm{N/m}^2$
	第一切向能量释放率G_s^C	$800\mathrm{N/m}^2$
	第二切向能量释放率G_t^C	$800\mathrm{N/m}^2$
压裂液注入方案	压裂液黏度μ	1MPa·s
	压裂液注入速率	$0.0001\sim0.0015\mathrm{m}^3/\mathrm{s}$
初始条件	孔隙压力	30.4MPa
初始应力条件	水平最大主应力σ_H	39.4MPa
	水平最小主应力σ_h	35.4MPa
射孔参数	射孔簇数	15
	射孔直径	8mm
	无量纲补偿系数	0.56

5.3.1.2 模型验证

基于有限元法的孔压黏聚力单元法在水力压裂模拟中的有效性在上述章节的研究中已经得到证实。本节开发了一个包含带射孔单元和不带射孔单元的基本模型，以验证新提出的应力干扰下裂缝扩展模型的准确性。基本模型中使用的参数与表5-2中列出的参数一致。井底注入压力和水力裂缝开口宽度（Crack Mouch Opening Displacement，CMOD）的变化如图5-16所示。结果表明，传统有限元模型与射孔-有限元模型所得结果具有较高的一致性，证明了所建立模型在模拟水力裂缝起裂及扩展方面具有较高的计算准确度。总体而言，在射孔-有限元模型中，水力裂缝开口宽度比传统有限元模型表现出更稳定的增长。这可能是因为带射孔单元模型的注入点位于射孔孔隙压力点，确保了压裂液和基质模型之间的压力平稳过渡。相反，当压裂液直接注入裂缝口孔压节点时，水力裂缝开口宽度的变化存在明显的锯齿状波动，数值模拟井底注入压力数值变化明显。

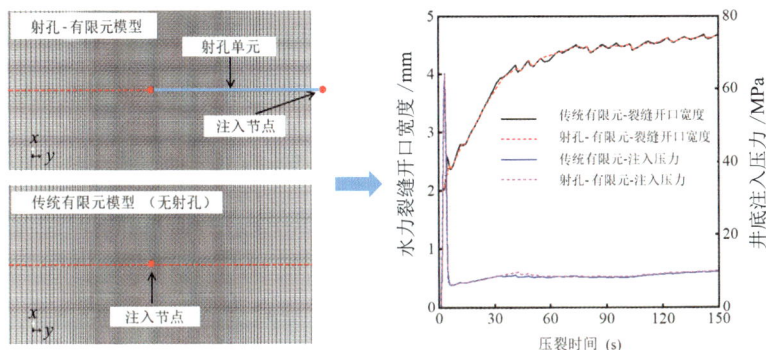

图5-16　带射孔单元及不带射孔单元数值模型及验证结果1

5.3.2　数值模拟结果及分析

5.3.2.1　单条裂缝在一个压裂段内的扩展路径

为了明确水力裂缝在致密天然裂缝储层中的起裂及扩展机制，本小节建立了包含 3 条主裂缝的暂堵压裂裂缝扩展模型。在该模型内，一个压裂阶段只允许 1 条主裂缝起裂与扩展，对其余 2 条主裂缝进行暂堵，从而明确单条主裂缝扩展与天然裂缝间的相互作用关系，其中关键控制参数为天然裂缝密度、天然裂缝倾角（天然裂缝与水平最小主应力方向之间的夹角）、簇间距和压裂液注入速率，其数值分别为 0.292m/m²、45°、9m 和 0.0005m³/s。其他具体参数如表5-2 所示，如图 5-17 为单条裂缝的孔隙压力分布及扩展路径。结果表明：裂缝在压裂初期能够起裂并扩展形成双翼裂缝，然而，双翼裂缝的长度和路径并不对称，与常规均质储层中的裂缝扩展路径差异较大，造成这一现象的主要原因是储层中已存在大规模天然裂缝，导致储层性质呈现高度非均质性和复杂性。此外，由于水力裂缝内的延伸压力不同，当遇到天然裂缝时，水力裂缝往往会被天然裂缝捕获或穿透天然裂缝。如图 5-17（b）所示，当水力裂缝被天然裂缝捕获时，有可能沿较小的天然裂缝方向扩展。此外，水力裂缝与天然裂缝之间不同的相互作用模式会导致不同的裂缝扩展阻力，从而导致水平井两侧裂缝的不对称扩展。

井底注入压力是描述裂缝扩展过程的一个重要参数，如图 5-18 所示，不同压裂方案下各簇裂缝的井底注入压力变化曲线基本保持一致。最初，井底注入压力随着裂缝起裂开始迅速上升，随后迅速下降到一个稳定的值（接近 10.5MPa），这个稳定的扩展压力值可作为裂缝扩展压力。然而，相较于常规储层压裂，天然裂缝性储层中压裂曲线存在更多的压力波动，其变化曲线呈现明显的锯齿状。结合图 5-17（b）的裂缝扩展路径可以看出，当水力裂缝与天然裂缝相交时，压力曲线会发生明显振荡，这是岩石基质与天然裂缝之间的强度差异所致。此外，在现场工程实践中通常采用总体裂缝长度来评估储层改造体积，如图 5-19 所示。在仅有单条主裂缝扩展的情况下，水力压裂过程几乎不存在应力干扰，三个不同裂缝簇间的裂缝扩展形态趋于一致，在不同压裂方案中各簇裂缝长度增长呈现高度的一致性。在水力压裂阶段（压裂时间为 200s），3 条裂缝的裂缝长度都维持在 50m 左右，未出现明显差异。由此可见，单条裂缝的扩展路径主要受水力裂缝与天然裂缝的相互作用影响，而相交作用机制则受完井技术、储层地质条件和压裂施工方案等因素的控制。

压力/Pa

	+1.25×10⁷
	+9.83×10⁶
	+7.17×10⁶
	+4.50×10⁶
	+1.83×10⁶
	-8.33×10⁶
	-3.50×10⁶

（a）

压裂时间/s

0
40
80
120
160
200

（b）

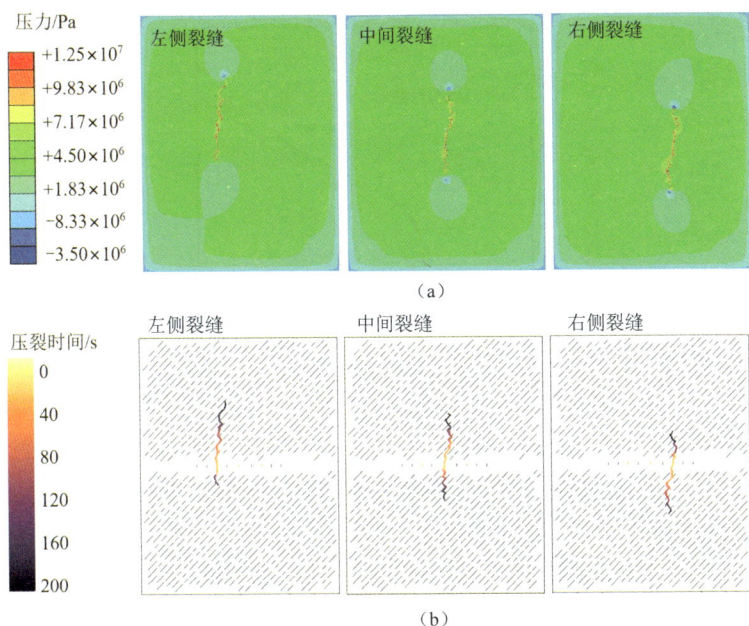

图5-17 带射孔单元及不带射孔单元数值模型及验证结果2

（a）应力云图；（b）裂缝扩展路径

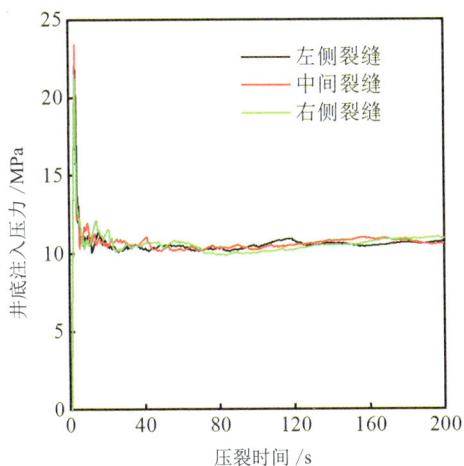

图5-18 单条裂缝井底注入压力变化曲线

135

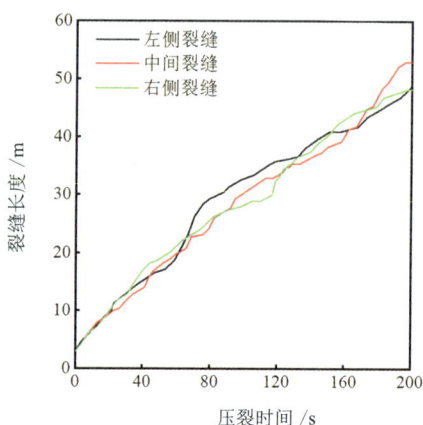

图5-19　单条裂缝长度变化曲线

5.3.2.2　天然裂缝密度对裂缝扩展形态的影响

非常规储层中天然裂缝的分布会严重影响水力压裂中储层改造体积，在模型中设置不同的天然裂缝密度对水力裂缝形态进行分析至关重要。本节模型中采用自编 Python 子程序随机插入大规模天然裂缝，通过改变天然裂缝的横向和纵向间距（纵向间距为 1~4m，横向间距为 1m）来调整天然裂缝密度 ρ，在数值计算中模拟了 4 种不同密度下水力裂缝的竞争扩展机制。其余模型变量参数作如下设置，裂缝簇间距设为 9m，压裂液注入速率设为 0.0005m³/s，天然裂缝倾角为 45°，表 5-2 列出了用于模拟的其他基础参数。不同天然裂缝密度下的水力裂缝扩展形态如图 5-20 所示。

在 4 种不同天然裂缝密度模型中，通过水力压裂暂堵技术，均形成了双翼水力裂缝，但每个暂堵阶段仅有一条裂缝能扩展至储层深部，间接说明了多段暂堵压裂能够克服缝间干扰应力的影响，促进多条水力裂缝均衡扩展。不同的是，在暂堵压裂阶段，随着裂缝扩展应力干扰及储层非均质性的影响趋于严重，在单条裂缝扩展过程中压裂液不会均匀分配到双翼裂缝中，而是流向延伸阻力较小的裂缝，导致单翼裂缝优先扩展，形成非对称曲折双翼裂缝。同时，压裂液会主动流向干扰应力较小的裂缝簇，导致多数裂缝簇仅能在压裂开始前期起裂扩展，随后延伸扩展能力减弱，甚至停止扩展。

如图 5-20（a）所示，裂缝的不均匀扩展主要是由多裂缝的应力干扰所引起的，应力干扰区域对裂缝扩展模式的影响非常明显。结果表明，较大的干扰应力会导致较为扭曲的裂缝扩展路径，增加了水力裂缝偏离原始裂缝扩展方向的可能性。虽然暂堵措施可以克服应力干扰的影响，并重新激活被抑制的裂缝簇，但应力干扰和天然裂缝的存在会阻止对称双翼裂缝的形成。总的来说，所有裂缝都倾向于优先向阻力最小的方向扩展，并在扩展过程中试图逃离应力干扰区域。图 5-20（b）显示了水力裂缝和天然裂缝之间的裂缝扩展路径和相互作用模式。数值模拟结果表明，天然裂缝能够有效捕获水力裂缝，迫使水力裂缝打开天然裂缝并沿小倾角方向扩展。随着天然裂缝密度从 $0.148m/m^2$ 增加到 $0.599m/m^2$（天然裂缝总长度从 1187m 增加到 4792m），裂缝扩展模式及扩展形态的复杂程度增加。这表明，高天然裂缝密度增加了水力裂缝扩展的可能性，可形成更为复杂的裂缝网络系统及更大的储层改造体积。然而，干扰应力可以持续影响裂缝的扩展，使其停止生长或转向与先前裂缝相反的方向扩展。随着天然裂缝密度的增加，水力裂缝与天然裂缝相交的概率增加，并表现为更曲折的扩展路径及更长的有效裂缝长度，但多条裂缝之间的相互干扰也会加剧。

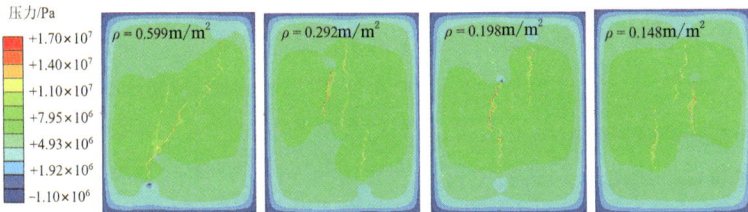

压力/Pa

+1.70×10⁷	

$+1.70\times10^7$
$+1.40\times10^7$
$+1.10\times10^7$
$+7.95\times10^6$
$+4.93\times10^6$
$+1.92\times10^6$
-1.10×10^6

$\rho=0.599m/m^2$　　$\rho=0.292m/m^2$　　$\rho=0.198m/m^2$　　$\rho=0.148m/m^2$

（a）

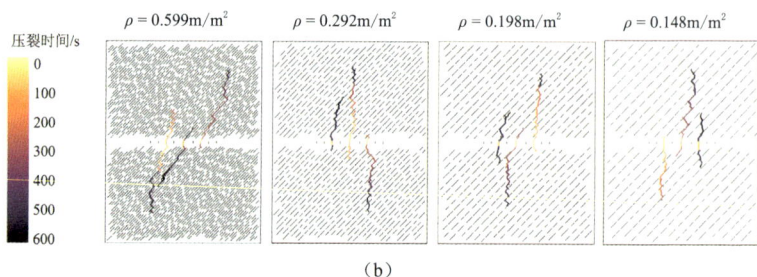

（b）

图5-20 不同天然裂缝密度下多簇裂缝的扩展形态

（a）孔隙压力分布图；（b）多簇裂缝扩展路径

如图 5-21 所示，在连续的暂堵压裂过程中，井底注入压力逐渐增加。这表明，优先扩展裂缝在产生干扰应力中有着重要作用，直接导致裂缝在后续的暂堵压裂阶段需要更高的起裂和扩展压力。在多簇裂缝簇间区域，应力干涉和缝尖应力集中显著增加，而应力干扰强度与天然裂缝密度无关，这一现象在压裂第一阶段（0~200s）尤为明显，在不同的天然裂缝密度下，井底注入压力的变化趋势保持一致。然而，在随后的压裂阶段，井底注入压力出现了明显的差异，这表明天然裂缝密度的增加可能导致井底注入压力的增加。在压裂第二阶段（200~400s），天然裂缝密度为 0.599m/m^2 时井底注入压力最高，平均值接近 12MPa。有趣的是，在这一阶段，天然裂缝密度为 0.198m/m^2 时的井底注入压力大于天然裂缝密度为 0.292m/m^2 时的井底注入压力，此时裂缝进入稳定生长阶段。观察图 5-20（b）中 $\rho=0.292\text{m/m}^2$ 和 $\rho=0.198\text{m/m}^2$ 时的裂缝扩展路径，可得出，第二条扩展裂缝（右侧裂缝）倾向于向第一条扩展裂缝（中间裂缝）扩展，此时天然裂缝密度为 0.198m/m^2。相反，右侧裂缝在天然裂缝密度为 0.292m/m^2 情况下主要沿最大主应力方向扩展，并未向中间裂缝靠近。因此在天然裂缝密度为 0.198m/m^2 时，中间裂缝和右侧裂缝间的相对距离更小，其应力干扰更严重，裂缝扩展需要更高的延伸扩展压力，井底注入压力就会更大。因此，井底注入压力的变化与裂缝扩展路径密切相关，特别是在裂缝呈现相对靠近扩展时。此外，中间裂缝和右侧裂缝为逃避彼此的应力干扰，往往向相反方向生长，形成反向单翼裂缝，这也是导致天然裂缝密度为 $0.292m/m^2$ 时井底注入压力低于天然裂缝密度为 $0.198m/m^2$ 时的又一重要原因。图 5-22 为不同天然裂缝密度下多簇裂缝扩展水力裂缝长度的变化趋势。结果表明，当采用暂堵措施时，水力裂缝长度在各个压裂阶段都会有明显增加。观察到，天然裂缝密度越高，水力裂缝长度越长，表明此种情况下水力裂缝和天然裂缝之间的连接越紧密。例如，当天然裂缝密度为 $0.599m/m^2$ 时，水力裂缝长度扩展可达 200.6m，超过其他数值计算结果。上述发现明确了天然裂缝密度对水力裂缝扩展形态的显著影响，阐明了水力裂缝和天然裂缝相互作用下复杂缝网的扩展机理。

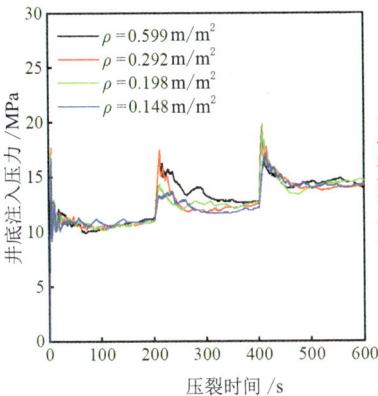

图5-21　不同天然裂缝密度下多簇裂缝扩展井底注入压力曲线

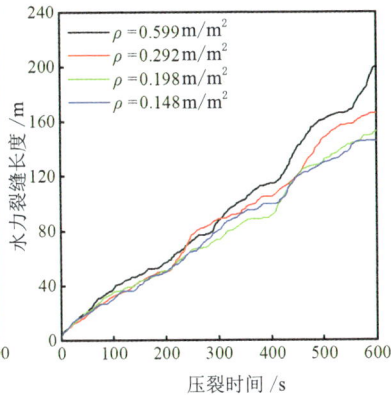

图5-22　不同天然裂缝密度下多簇裂缝扩展水力裂缝长度变化曲线

5.3.2.3　裂缝簇间距对裂缝扩展形态的影响

在应力干扰状态下多簇裂缝连续暂堵扩展过程中，簇间距（D）在裂缝起裂和扩展过程中起着至关重要的作用。研究表明，密集的裂缝簇会增加应力干扰的影响，可能会改变裂缝扩展的方向，甚至促使裂缝停止扩展。通过现场压裂后的裂缝流量监测测试结果可以明显看到，超过70%的裂缝簇无法测试到有效的油气流动，这也说明在多段多簇压裂过程中存在较多的无效裂缝簇。现场开发结果还表明，减小裂缝簇间距有利于增加储层改造体积，增加其储层可动用油气产量，有利于低渗透页岩气藏的开发，但会增大多簇裂缝间应力干扰的影响。为了进一步研究多簇裂缝间的干扰特性，明确复杂缝网竞争扩展机制，本节建立包含 3 条水力裂缝的复杂缝网扩展数值模型，这些模型具有不同的裂缝簇间距（5m、9m、13m、17m）。天然裂缝密度、压裂液注入速率和天然裂缝倾角参数分别为 $0.292m/m^2$、$0.0005m^3/s$ 和 $45°$。图 5-23 显示了不同裂缝簇间距下的孔隙压力分布和裂缝扩展路径。

（a）

（b）

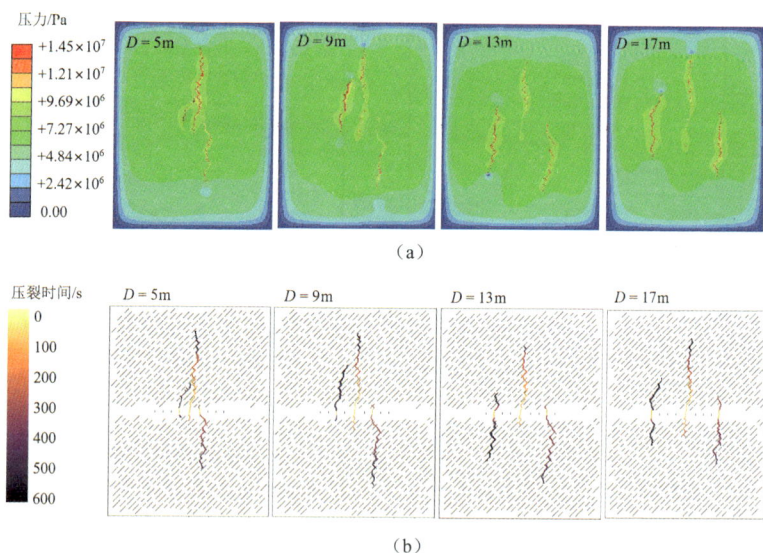

图5-23　不同裂缝簇间距下裂缝扩展形态

（a）孔隙压力分布；（b）多簇裂缝扩展路径

结果表明，暂堵作业可以重新激活被抑制的裂缝，使其重新扩展，但在不同压裂阶段对裂缝扩展形态有明显影响。研究发现，暂堵压裂后起裂裂缝需要更高的起裂及延伸扩展压力，导致裂缝扩展能力变差，扩展至储层的深度变浅，裂缝形态更加扭曲。此外，在簇间距较小的情况下，裂缝向彼此扩展的可能性增加，造成强烈的应力干扰，致使复杂缝网扩展能力降低，水力裂缝改造储层的能力下降。如图 5-23（a）所示，在裂缝簇间距为 5m 和 9m 的情况下，这一现象尤为显著。在上述两种小簇间距压裂情况下，中间裂缝首先起裂并扩展，而其余裂缝由于应力干扰的影响，在压裂初期就停止扩展，但在采取暂堵压裂措施后，左右两侧裂缝被重新激活并依次扩展。值得注意的是，左侧裂缝有向中间裂缝靠近扩展的趋势，而中间裂缝对左侧裂缝产生很强的抑制作用。此外，随着裂缝簇间距的减小，裂缝簇间的应力干扰将愈发严重，各簇裂缝间越容易相互抑制，导致裂缝过度转向或停止扩展。图 5-23（b）为不同簇间距下复杂裂缝的扩展路径，结果表明，通过连续暂堵措施，水力裂缝可以被重新激活并扩展至储层深部。可以看出，在天然裂缝发育的储层，水力裂缝扩展后便会与天然裂缝相交，或被捕获，或穿过天然裂缝。当水力裂缝被天然裂缝捕获后，天然裂缝被打开，并沿小倾角方向扩展。在簇间距较小的情况下，多条裂缝之间的区域受到强烈的应力干扰，导致裂缝形态扭曲，与之前的扩展裂缝相比，裂缝形态变得短而宽。此外，由于应力干扰的明显影响，水力裂缝扩展过程中可能会出现分支裂缝，特别是当簇间距为 5m 时，水力裂缝与天然裂缝相交后极易形成分支裂缝。通常情况下，应力干扰会随着簇间距的增加而减轻，从而使裂缝主要沿水平最大主应力方向扩展。在簇间距为 13m 和 17m 的情况下，观察到的应力干扰影响最小，与小簇间距的情况相比，裂缝扩展更加均匀。因此，适当增大簇间距可以使水力裂缝扩展更加均匀。

图 5-24 为不同簇间距下井底注入压力的变化图，其结果明确了裂缝竞争扩展过程中应力干扰现象对裂缝延伸扩展压力的影响。第

一段压裂过程中（0~200s），由于仅有一条裂缝能够扩展至储层内部，应力干扰最小，4个模型结果中井底注入压力曲线几乎重合。而在暂堵作业中（200~600s），裂缝的起裂及扩展压力呈现明显的台阶式增长，这表明需要更高的压力和更高的注入速率来重新启动被抑制的裂缝。此外，不同的簇间距导致不同的井底注入压力变化趋势，具体表现为簇间距越小，应力干扰越强，井底注入压力波动越大且数值越高。例如，当簇间距为17m时，各阶段井底注入压力相对稳定（第二段和第三段的平均值分别为12.1MPa和14.3MPa），并且暂堵第二段和第三段之间的压力增幅较小。

如图5-25所示为不同簇间距下裂缝长度变化曲线。裂缝长度通常随着压裂过程的进行而线性增加，使用更大的簇间距可以获得更大的裂缝长度和更有效的储层改造体积。在第一压裂阶段（0~200s），不同簇间距的裂缝表现出相似的裂缝扩展能力，裂缝长度变化趋于一致。当压裂进入第二阶段（200~400s）时，裂缝长度的显著差异开始显现。具体来说，由于应力干扰减少，更大的簇间距会导致裂缝长度增长更快。在第三压裂阶段（400~600s），裂缝长度随着簇间距的增加而继续增加。然而，裂缝长度在簇间距为9m时出现异常增长，在最后压裂阶段（600s）结束时达到峰值① 66.4m。从图5-23（b）中 D =9m时的扩展路径可以分析得出，在该簇间距下裂缝有向彼此扩展的趋势，中间被抑制的裂缝在裂缝尖端重新启动，形成新的裂缝。裂缝间近距离扩展引起的显著应力干扰是裂缝长度异常增加的主要原因。综上所述，虽然天然裂缝的分布会显著影响裂缝的扩展路径及形态，但簇间距变化在裂缝扩展过程中起着至关重要的作用。虽然密集的簇间距可以增加储层的控制面积，但各簇裂缝间会承受过大的压力，特别是裂缝密集扩展时会产生极强的抑制作用。因此，在密集区域适当增加裂缝间距有助于减少应力干扰，提高储层改造体积。

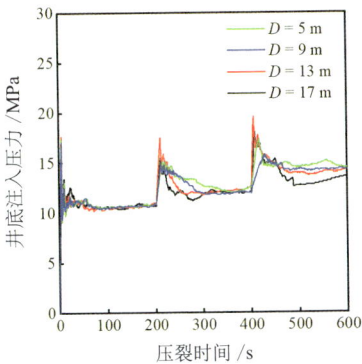

图5-24　不同簇间距下井底注入压力
变化曲线

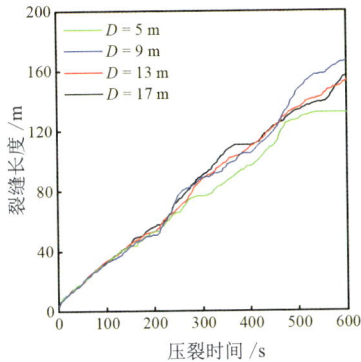

图5-25　不同簇间距下
裂缝长度变化曲线

5.3.2.4　压裂液注入速率对裂缝扩展形态的影响

压裂液注入速率（Q）对裂缝网络的形成起着至关重要的作用。众多研究表明，较高的压裂液注入速率会使应力干扰影响加剧，从而导致裂缝扩展阻力迅速上升。然而，现场实践表明，适当提高压裂液注入速率可以增强裂缝扩展能力，增加储层改造体积。为了定量评估压裂液注入速率对裂缝扩展形态的影响，对 4 种不同注入速率（0.0001m³/s、0.0005m³/s、0.0010m³/s 和 0.0015m³/s）下的裂缝扩展形态进行了模拟。为了定量评价压裂液注入速率的影响，保持总体压裂液注入体积的一致，通过改变注入时间来调整压裂液注入量。簇间距、天然裂缝密度和天然裂缝倾角分别为 9m、0.292m/m² 和 45°。其他相关参数如表 5-2 所示。结果［图 5-26（a）～（d）］表明，随着压裂液注入速率从 0.0001m³/s 增加到 0.0015m³/s，最大压力值从 11.3MPa 增加到 18.7MPa。随着压裂液注入速率的升高，应力干扰区域会扩大，各簇裂缝间的应力干扰增强，缝间扩展抑制作用显著增加。因此，裂缝形态更为扭曲，并且在扩展到储层深部时面临更大挑战。裂缝扩展路径和水力裂缝与天然裂缝间相互作用模式如图5-26（e）～（h）所示，在 0.0001m³/s 的低注入速率下［图 5-26（e）］，裂缝起裂和扩展形态较为均匀，多条裂缝之间的扩展模式相似。然而，随着压裂液注入速率从 0.0005m³/s 增加到 0.0015m³/s，裂缝形态表现出明显的差异［图 5-26（f）～（h）］。结果表明，越高的压裂液注入速率和越晚的压裂起裂顺序使裂缝间的应力干扰越明显，裂缝扩展形态越复杂。此外，不同注入方案下，天然裂缝和水力裂缝之间的相互作用模式也不同，分支裂缝的数量随着压裂液注入速率的增加而显著增加。例如，在压裂液注入速率为 0.0001m³/s 时，沿主簇缝的分支裂缝极少，但在压裂液注入速率超过 0.0005m³/s 后分支裂缝数量迅速增加，同时起裂顺序越晚的裂缝，在扩展过程中产生的分支裂缝越多。这表明较高的压裂液注入速率可以诱导产生更强的干扰应力，可明显改变水力裂缝与天然裂缝的相互作用模式，促进分支裂缝的产生。

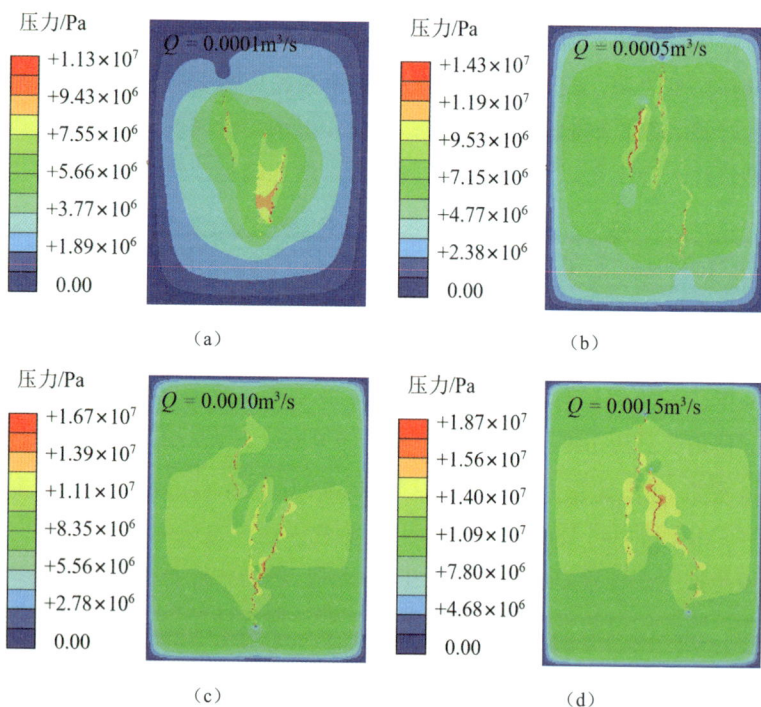

（a）

（b）

（c）

（d）

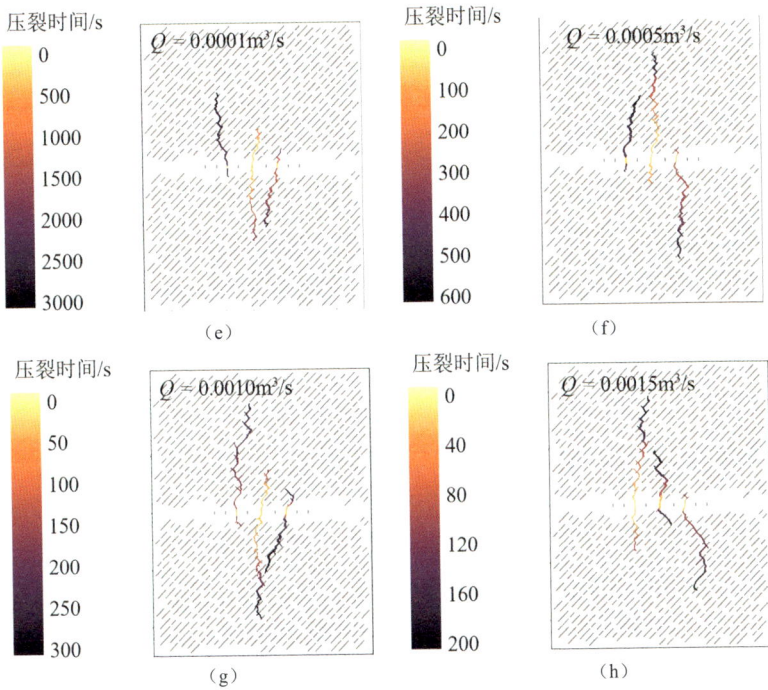

图5-26 暂堵压裂过程中不同注入速率下裂缝扩展形态

(a)~(d) 孔隙压力分布；(e)~(h) 多簇裂缝扩展路径

如图 5-27 所示，在不同的压裂液注入条件下，井底注入压力呈现不同的变化趋势。与前面讨论的模拟结果一致，在暂堵作业之后，井底注入压力呈阶梯增长，更高的压裂液注入速率导致更高的注入压力，从而使裂缝扩展阻力和干扰应力增加。此外，随着压裂时间的增加，井底注入压力的增长速度有减小的趋势。在较低的压裂液注入速率（$Q=0.0001\text{m}^3/\text{s}$）下，第二次压裂阶段（1000~2000s）注入压力的增长幅度明显增大，而在第三次压裂阶段（2000~3000s），注入压力的增长幅度不明显，在第二次和第三次压裂后期，注入压力的变化趋势保持一致（约 10.5MPa）。通过分析图 5-26（e）的裂缝路径可以看出，第 2 条裂缝在储层中向下延伸，而第 3 条裂缝有向上延伸的趋势，形成单翼裂缝。这表明裂缝的扩展往往会避开应力干涉区和高压区，导致不对称单翼裂缝的产生。较高的压裂液注入速率可以增加高应力干涉的面积，从而增大反向扩展单翼裂缝形成的可能性。压裂液注入速率对水力裂缝长度变化的影响如图 5-28 所示。变化曲线表明，较高的压裂液注入速率有利于多条裂缝的扩展，从而形成更长、更深的裂缝。随着压裂液注入速率的增加（从 0.0001m³/s 到 0.0015m³/s），裂缝长度明显增加，总长度从 135.5m 增加到 180.9m。值得注意的是，在 0.0010m³/s 的模拟工况下，裂缝长度出现了异常增加，达到了所有工况中最大的裂缝长度。图 5-26（g）中的扩展路径（$Q=0.0010$m³/s）也显示了第二条裂缝（右侧裂缝）重新开裂并向第一条裂缝（中间裂缝）过近扩展的现象，导致之前暂堵的裂缝长度不断增加。当压裂液注入速率从 0.0005m³/s 变化到 0.0015m³/s 时，也可以观察到这种行为，但在压裂液注入速率为 0.0001m³/s 时没有此类情况出现。从图 5-26（a）～（f）分析可知，随着压裂液注入速率的增加，裂缝尖端的应力集中不断增强，再加上多裂缝的生长路径过于逼近，使得先前堵塞裂缝有很大可能性重新激活并扩展。综上所述，压裂液注入速率通过影响注入压力和应力干涉对裂缝形态的形成起着至关重要的作用。虽然较高的压裂液注入速率可以促进裂缝扩展，但也会加剧应力干扰，导致裂缝间相互抑制作用增强，甚至导致部分裂缝终止扩展。因此，尽管增加压裂液注入速率可能增加裂缝长度，实现储层改造体积的明显提高，但显著增加压裂液注入速率可能导致干扰应力迅速上升，因此应谨慎操作。

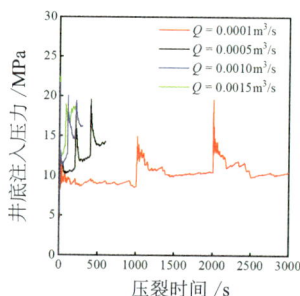

图5-27　不同压裂液注入速率下井底注入压力变化曲线

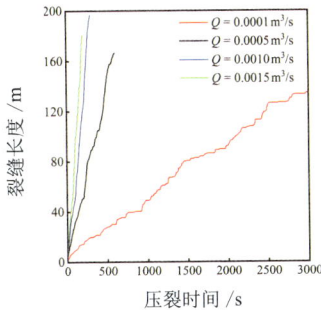

图5-28　不同压裂液注入速率下裂缝长度变化曲线

5.3.2.5　不同天然裂缝倾角对裂缝扩展形态的影响

天然裂缝分布及物理力学性质对裂缝的扩展路径和形态起着关键作用。在本节中，建立了 6 种不同天然裂缝倾角（θ_0）的模拟模型，研究其对多裂缝竞争扩展的影响。为了定量评估天然裂缝倾角的影响，本节考虑了 0°~75° 的角度，其增量为 15°。簇间距、压裂液注入速率和天然裂缝密度分别设置为 9m、0.0005m³/s 和 0.292m/m²。

图 5-29 为不同天然裂缝倾角下水力压裂过程中的孔隙压力分布和裂缝扩展形态。可以看出，天然裂缝倾角对裂缝扩展过程中的应力分布影响较小，除非多条裂缝紧密扩展时，相邻裂缝壁上和裂缝尖端会出现明显的应力集中现象。然而，天然裂缝倾角的变化会改变水力裂缝与天然裂缝的相交模式，影响多条裂缝的起裂及扩展路径［图 5-29（g）~（l）］。当天然裂缝倾角较小时，裂缝更容易穿过天然裂缝，沿水平最大主应力方向扩展。例如，在图 5-29（g）、（h）中，天然裂缝与水力裂缝相交时，天然裂缝不易被水力裂缝打开，水力裂缝穿越天然裂缝后继续扩展。然而，当天然裂缝倾角增加到30° 时，部分天然裂缝与水力裂缝相交时会捕获水力裂缝，并沿小倾角方向扩展，形成复杂的裂缝网络系统。在天然裂缝倾角为 75° 时，几乎所有的天然裂缝都被打开并沿小倾角方向延伸扩展。这表明，随着倾角的增加，水力裂缝更容易被天然裂缝捕获并打开天然裂缝。与之前的模拟结果

一致，在暂堵作业之后，裂缝开始打开并依次扩展，值得注意的是，当倾角较小时（特别是小于30°），多条水力裂缝容易穿过天然裂缝，沿最大主应力方向扩展。相反，在较大的倾角下（特别是大于45°），水力裂缝更容易向天然裂缝小倾角方向打开天然裂缝，沿天然裂缝分布方向扩展。虽然优先扩展的裂缝对后续起裂裂缝仍有明显的抑制作用，但干扰应力对改变裂缝扩展方向的影响很小，尤其是在较大的倾角下。此外，应力抑制效应会导致裂缝优先向干扰应力较小的方向扩展，从而导致相邻裂缝的扩展方向相反。因此，多条裂缝主要沿单一方向扩展，形成不对称单翼裂缝，而暂堵措施可局部缓解裂缝的非均匀扩展。

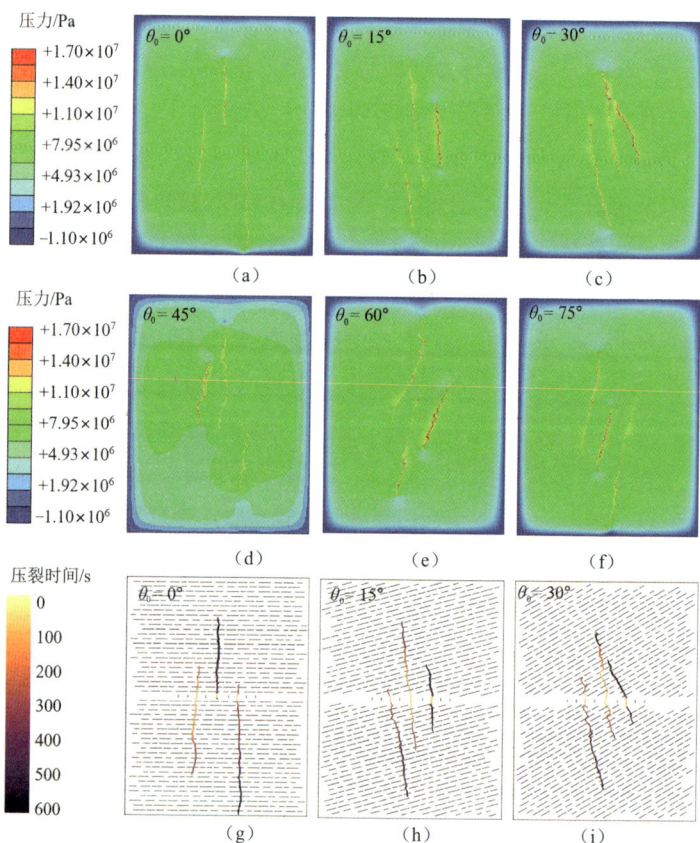

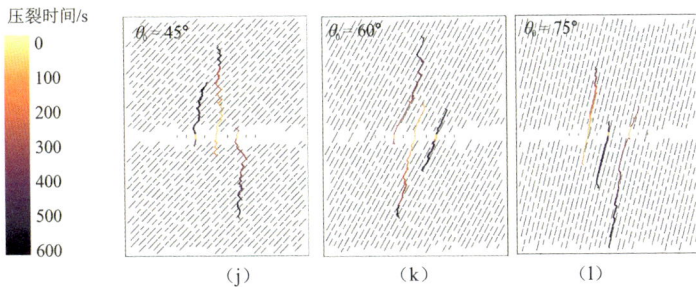

图5-29　不同天然裂缝倾角下裂缝扩展形态

(a)～(f) 孔隙压力分布；(g)～(l) 多簇裂缝扩展路径

如上所述，暂堵作业可以暂时克服应力干扰的影响，在不同压裂阶段使多条裂缝均衡扩展。然而需要注意的是，在这个过程中，裂缝扩展的阻力会明显增加。如图 5-30 所示，在压裂的不同阶段，井底注入压力会显著增加。在第一压裂阶段，裂缝以最小的干扰应力扩展，拥有最简单的起裂及扩展模式。在这种情况下，随着天然裂缝倾角接近 45°（从 0° 到 45° 或从 75° 到 45°），井底注入压力均呈现明显的上升趋势。通过分析裂缝扩展形态发现，当天然裂缝未打开时，不同裂缝扩展需要相同的注入压力。然而，打开天然裂缝后需要更高的井底注入压力来保证裂缝的持续扩展，但井底注入压力会随着倾角的增加而降低，这种差异归因于天然裂缝和水力裂缝之间不同的相交模式。当打开天然裂缝时，更大的倾角会降低裂缝扩展的阻力和井底注入压力，在随后的压裂阶段也可以观察到类似的趋势。值得注意的是，在第二次压裂初期，井底注入压力在倾角为 30° 时达到最大值。此外，在第二次压裂过程中，左侧裂缝可初步形成双翼裂缝，并迅速向下扩展，同时在压裂过程中停止向上生长。这种现象的主要原因是左侧裂缝在扩展过程中快速超越中间裂缝的应力干扰区域，致使裂缝向下扩展的阻力降低，井底注入压力也随之降低，并在压裂后期趋于平缓。这表明，井底注入压力不仅受天然裂缝倾角的影响，还受应力干扰区域大小的影响。然而，在小簇间距方案中，该区域的大小主要取决于储层中裂缝的扩展深度。不同倾角下的裂缝长度变化曲线如图 5-31 所示，随着天然裂缝倾角接近 45°，裂缝长度有增加的趋势（45° 时裂缝长度峰值为 166.4m），这一发现似乎与通常认为裂缝随着倾角的增加更容易扩展的观点相矛盾。对裂缝扩展路径分析发现，当倾角接近 45° 时，裂缝主要向单一方向扩展，说明裂缝可以更有效地穿透应力抑制区，从而产生更长的单翼裂缝。因此，在不考虑裂缝间过度接近扩展的情况下，接近 45° 的天然裂缝倾角对增加储层改造体积更有利。

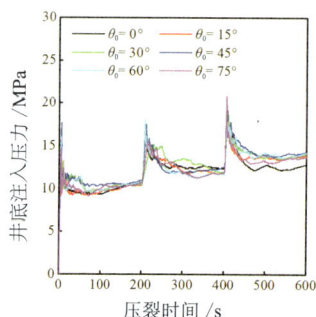

图5-30　不同天然裂缝倾角下井底
注入压力变化曲线

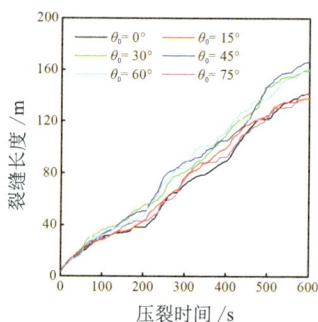

图5-31　不同天然裂缝倾角下
裂缝长度变化曲线

5.4　本章小结

本章基于孔压黏聚力模型，建立了天然裂缝发育储层水力压裂裂缝扩展流 - 固耦合模型。通过 Python 程序，采用全局插入黏聚力单元，引进共同交叉节点，实现了天然裂缝与水力裂缝相交的模拟。模拟了多簇裂缝同时扩展时缝网的形成，对影响缝网形态的因素做了敏感性分析。在不同地质参数及人工控制参数下，对天然裂缝网络形成机理及裂缝竞争扩展机制进行了研究，得出了不同条件下裂缝扩展规律：

（1）水平应力差是决定缝网扩展形态的主要因素。随着水平应力差的增大，各簇裂缝间可以从随意转向扩展变为仅沿水平最大主应力方向扩展。同时，较大的水平应力差会增加水力裂缝穿透天然裂缝的概率。当水平应力差超过 8MPa 时，水力裂缝基本上沿最大主应力方向穿透或背离天然裂缝扩展，形成较为简单的裂缝网络系统。

（2）当簇间距为 30m 时，由于各簇裂缝的强烈干扰，致使一簇或多簇裂缝受到压制，形成短而宽的裂缝网络。而当簇间距增加时，这种缝间干扰减弱，特别是当簇间距达到 60m 时，缝间干扰几乎可以忽略。

（3）压裂液黏度和注入速率能够明显改变缝网扩展形态。增大压裂液黏度和注入速率能够增大缝网内部扩展压力，使裂缝更容易穿过天然裂缝，形成较为笔直的主裂缝，减少缝网有效长度。在整个压裂方案中，在不同时段采用变注入速率和变黏度压裂，能有效增加储层改造体积。

（4）在设计完井方案时，射孔簇间距和射孔簇数应该综合考虑。增加射孔簇数虽然能增加裂缝有效长度，但在小簇间距下会造成各簇裂缝间严重的应力干扰，降低单簇裂缝增加储层改造体积的能力。因此，在小簇间距下增加射孔簇数往往是没有意义的。

（5）致密的天然裂缝分布为水力裂缝提供了更多的连通机会，从而影响了裂缝网络的复杂性。此外，随着天然裂缝密度的增加，倾角越接近 45°，裂缝扩展能力越强，复杂缝网长度越长。

（6）簇间距对应力干扰有显著影响，簇间距越小，裂缝扩展路径越扭曲，甚至停止扩展。由于应力干扰的影响，在减小裂缝间距以扩大裂缝控制区域时需要注意。

（7）提高压裂液注入速率被认为是促进裂缝扩展的关键方法，尽管较高的压裂液注入速率可以促进多条裂缝扩展，但也会使多条裂缝间的相互抑制作用增强。此外，较高的压裂液注入速率会导致注入压力增加，有可能使水力裂缝穿透应力干扰区域，形成不对称的单翼裂缝。

（8）天然裂缝倾角会影响水力裂缝与天然裂缝间的相互作用模式。随着倾角的增大，天然裂缝在大倾角方向更容易被打开。考虑裂缝相互作用模式和应力干扰的影响，当天然裂缝倾角接近 45° 时，裂缝扩展能力更强，对储层的增产效果更好。

第6章 水平井暂堵压裂缝网形成机理研究

6.1 水平井暂堵压裂缝网扩展数值理论及方法

过去 20 年，水平井分段压裂成为非常规储层增加储层改造体积的关键手段。常规的水平井分段压裂包括滑套分段压裂、射孔分段压裂、连续油管分段压裂等技术手段。[216-218] 但上述压裂手段在面对非常规储层深度大、储层非均质性强等地层条件时，往往压裂风险过大，成本较高，在现场使用时受到较大的限制。此外，非常规储层往往发育有大量不连续天然裂缝和弱胶结，储层非均质性较强，裂缝扩展时会形成较为复杂的裂缝网络系统，其扩展路径和机理较为复杂 [219]。当采用水平井多段多簇压裂时，多簇裂缝同时扩展的缝间干扰应力以及水力裂缝与天然裂缝的相互作用机制对缝网形成起着至关重要的作用 [220]。而水平井暂堵压裂技术可通过注入暂堵剂，对优势扩展裂缝形成暂堵，使压裂液重新进入被抑制裂缝，能够有效缓解应力干扰带来的裂缝非均匀扩展问题，促进各簇裂缝的高效扩展。因此，研究水平井暂堵压裂过程中裂缝扩展形态及竞争扩展机理对非常规页岩储层压裂方案设计具有重要的指导意义。

目前，对水平井分段压裂裂缝扩展研究的主要目的是在现场压裂实践中形成多簇均一扩展的水力裂缝网络系统，最大限度地增加储层改造体积。而现有研究表明，由于多簇裂缝同时扩展时缝间干扰应力作用，往往只有少数裂缝簇有效扩展并延伸至储层深部，其余裂缝在扩展过程中发生过度转向或受到抑制而停止扩展。现场测井数据表明，页岩储层水力压裂过后大部分油气产量均来自某段压裂中外层裂缝簇，而中间裂缝簇对油气产量贡献极少[221]。通过声发射实验和温度分布数据研究发现，压裂过程中超过 70% 的压裂液和支撑剂都进入了某段压裂裂缝[222,223]。这说明在页岩压裂过程中，往往只能在压裂段外侧形成单一的有效裂缝簇，而其余裂缝受到干扰应力的影响，有效裂缝长度较小，甚至无法扩展。然而，水平井暂堵压裂可以明显降低干扰应力的影响，重新激活被压制裂缝，使各簇裂缝均一扩展。通过注入暂堵剂，对前段已压裂裂缝簇形成暂堵，使压裂液和支撑剂无法流入，致使后续裂缝被重新激活，压裂液重新进入，裂缝再次扩展，进而形成复杂裂缝网络系统，其压裂机理及裂缝扩展模式与同步压裂和顺序压裂大不相同。

基于上述问题，本章在有限元黏聚力模型的基础上改进现有模型，建立了能模拟水平井分段压裂缝网扩展形态的水力压裂流 - 固耦合模型。通过引入交叉孔压节点实现水力裂缝与天然裂缝相互作用关系的模拟。同时全局嵌入 0 厚度黏聚力单元，实现常规有限元模型下裂缝扩展任意转向问题的求解。此外，针对多簇裂缝扩展过程中由于应力干扰和储层非均质性导致的各簇裂缝压裂液分布不均的问题，本章构建了新的射孔单元，可以模拟压裂过程中压裂液的动态分配及暂堵压裂。最后，对可影响缝网形成的因素做了敏感性分析，明确了暂堵压裂中缝网形成机理。

6.2　模型结构与验证

水力裂缝的起裂和扩展是一个耦合了岩石孔隙弹性、流体滤失，应力状态，岩石变形、裂缝扩展等多种因素的复杂力学问题。在水平井暂堵压裂中，多簇裂缝并不是同时、均一扩展，而是沿最小阻力方向依次扩展。这主要是由于缝间干扰及储层非均质性影响，各簇裂缝间所需维持裂缝正常扩展的井底注入压力不一致。在整个压裂过程中，压裂液处于一个动态分布状态，总是倾向于流向缝内压力较低的裂缝簇。因此，研究压裂过程中缝网扩展规律及流量动态分布过程对水平井暂堵压裂具有重要指导意义。

由此可知，水力压裂过程中压裂液的分配是一个动态变化过程，直接决定了裂缝扩展形态及裂缝有效长度。为了定量研究压裂液分配过程，本章基于 ABAQUS-UEL 子程序，发展了能够模拟压裂液动态分配过程的射孔单元。该单元在结构上只包含两个节点，两节点只含有孔压自由度，没有位移自由度，其结构如图 6-1 所示。压裂液从单元左侧节点流入，随后从右侧节点流出，两节点间由于射孔参数差异存在不同的孔隙压力。

p_1　　　　　　　　p_2

Q_1　　　　　　　　Q_2

图6-1　新构建的射孔单元结构图

6.2.1　射孔单元验证

新构建的射孔单元包含两个仅含孔压自由度的节点，且两节点的压降与注入速率的平方成正比。流体的连续性方程可表示为：

$$\Delta p_{\text{fric}}^I = p_1 - p_2 = \varphi_{\text{p}} Q_I^2$$
$$\varphi_{\text{p}} = 0.807249 \frac{\rho_{\text{f}}}{n_{\text{p}}^2 D_{\text{p}}^2 C^2} \tag{6-1}$$

式中，I 为射孔簇的数量；Δp_{fric}^I 为射孔簇 I 两端的流体压降；p_1，p_2 分别为射孔单元进出口的压力；Q_I 为射孔簇 I 的注入速率；n_{p}，D_{p}，C 分别为射孔簇 I 的射孔数、射孔直径和无因次补偿系数；ρ_{f} 为流体密度。

基于 ABAQUS-UEL 子程序，新构建的射孔单元在有限元框架内进行求解，节点两端压降可改写为传统的有限元形式：

$$\begin{bmatrix} -\dfrac{1}{\sqrt{\varphi_p |p_1 - p_2|}} & \dfrac{1}{\sqrt{\varphi_p |p_1 - p_2|}} \\[4mm] \dfrac{1}{\sqrt{\varphi_p |p_1 - p_2|}} & -\dfrac{1}{\sqrt{\varphi_p |p_1 - p_2|}} \end{bmatrix} \begin{bmatrix} p_1 \\ p_2 \end{bmatrix} = \begin{bmatrix} q_1 \\ q_2 \end{bmatrix} \qquad (6\text{-}2)$$

式中，$[p_1 \quad p_2]^{\mathrm{T}}$ 为节点孔隙压力矩阵；$[q_1 \quad q_2]^{\mathrm{T}}$ 为节点流体流量矩阵；φ_p 与式（6-1）中参数相同，与射孔直径、流体密度和无因次补偿系数有关。该有限元形式通过 Newton-Raphson（牛顿 - 拉夫森）方法迭代求解。

本节采用 3 簇射孔对水平井分段暂堵压裂中压裂液动态分布过程进行模拟，并将数值解与解析解进行对比，验证数值模型的准确性。射孔簇结构模型如图 6-2 所示，其中 3 簇射孔共享一个流体注入节点，而分别拥有不同的流体流出节点，基于不同射孔参数的射孔拥有不同的流体动态分配过程。射孔参数分别为 $\rho=1010\text{kg/m}^3$，$D_p=8\text{mm}$，$C=0.56$，每簇射孔的射孔数量（n_p）为 15 个。

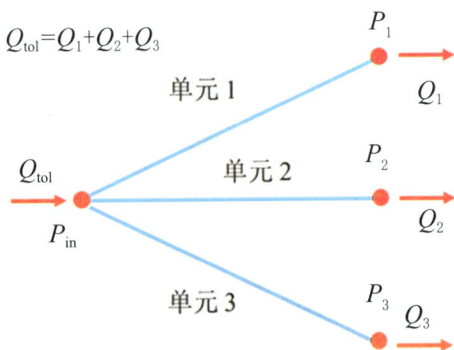

图6-2　射孔簇单元结构示意图

在整个暂堵压裂过程中，从左端共享节点注入压裂液，注入总速率 Q_{tol}=1.5m³/s。并将 3 簇射孔单元的右侧节点孔压节点的孔隙压力设为定值（10MPa）。在暂堵压裂的第一段，不注入暂堵剂，压裂液进入各簇射孔单元。由于没有应力干扰，各簇裂缝平均分配压裂液，每簇裂缝压裂液注入速率为 0.5m³/s。而在第二段压裂中，将单元 1 和单元 3 进行暂堵，几乎所有压裂液均进入射孔簇单元 2。如图 6-3 所示，数值解和解析解吻合较好，说明该射孔单元在模拟压裂液动态分配过程时具有较高的准确性。

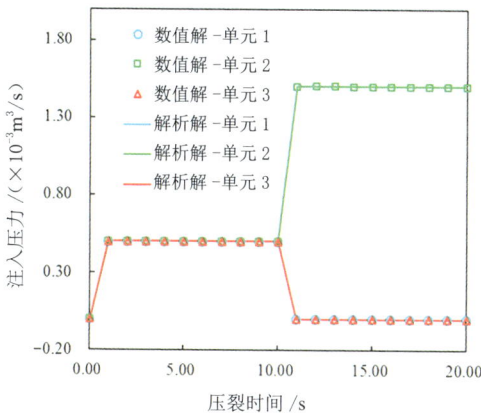

图6-3　水平井分段压裂下数值解与解析解对比结果

6.2.2　联立射孔单元的有限元模型验证

水力裂缝的扩展由两种相对的耗散机制控制：流体黏性主控和岩石断裂韧度主控扩展。其中，黏性主控裂缝扩展主要由压裂液黏度及注入速率控制，而韧度主控扩展主要由裂缝扩展过程中岩石断裂韧度控制。黏聚力单元在模拟水力裂缝扩展时的准确性已经被多数学者验证[83,224]。本节将新构建的射孔单元与黏聚力模型相结合，建立新的水力压裂流 - 固耦合模型，并将数值模拟结果与解析解进行对比。

其中水力压裂黏性主控和韧度主控扩展模式的解析解模型如下所示：

$$E' = \frac{E}{1-\upsilon^2}, \quad K' = (\frac{32}{\pi})^{\frac{1}{2}} K_{IC}, \quad \mu' = 12\mu \tag{6-3}$$

式中，E'，K' 和 μ' 为材料参数。裂缝宽度 $w(x,t)$ 和缝内压力 $p(x,t)$ 可由 Chen[83] 的研究得到。

流体黏性主控的解析解方程如下所示：

$$p(\xi,t) = E' \Pi_{m0}(\xi)(\frac{\mu'Q_0}{E'})^{\frac{1}{3}}(Q_0 t)^{-\frac{1}{3}} \tag{6-4}$$

$$w(\xi,t) = \gamma_{m0}\overline{\Omega}_{m0}(\xi)(\frac{\mu'Q_0}{E'})^{\frac{1}{6}}(Q_0 t)^{\frac{1}{3}} \tag{6-5}$$

以下是零韧性解的一阶近似表达式：

$$\overline{\Omega}_{m0}(\xi) = A_0(1-\xi^2)^{\frac{2}{3}} + A_1^{(1)}(1-\xi^2)^{\frac{5}{3}} + B^{(1)}\left(4\sqrt{1-\xi^2} + 2\xi^2 \ln\frac{1-\sqrt{1-\xi^2}}{1+\sqrt{1-\xi^2}}\right) \tag{6-6}$$

$$\Pi_{m0}^{(1)}(\xi) = \frac{1}{3\pi}B(\frac{1}{2},\frac{2}{3})[A_0 F_1(-\frac{1}{6},1;\frac{1}{2},\xi^2) + \frac{10}{7}A_1^{(1)}F_1(-\frac{7}{6},1;\frac{1}{2},\xi^2)] + B^{(1)}(2-\pi|\xi|) \tag{6-7}$$

式中，$A_0 = 3^{\frac{1}{2}}$，$A_1^{(1)} \approx -0.156$，$B^{(1)} \approx -0.0663$，B 和 F_1 分别为 Euler 方程以及 Hypergeometric 方程；$\overline{\Omega}_{m0}(\xi) \approx 1.84$，$\gamma_{m0} \approx 0.616$。

断裂韧度主控解析解方程如下所示：

$$p(\xi,t) = E' \Pi_{k0}(\xi) (\frac{K'}{E'})^{\frac{4}{3}}(Q_0 t)^{-\frac{1}{3}} \tag{6-8}$$

$$w(\xi,t) = \gamma_{k0}\overline{\Omega}_{k0}(\xi) (\frac{K'}{E'})^{\frac{2}{3}}(Q_0 t)^{\frac{1}{3}} \tag{6-9}$$

式中，$\overline{\Omega}_{k0}(\xi) = \pi^{\frac{1}{3}}(1-\xi^2)^{\frac{1}{2}}/2$，$\prod_{k0}(\xi) = \pi^{\frac{1}{3}}/8$，$\gamma_{k0} = 2/\pi^{\frac{2}{3}}$。

根据水力压裂 KGD 模型描述，本节使用二维对称模型来验证新构建的水力压裂模型在模拟水力裂缝扩展问题时的准确性。在 KGD 模型中，假定不可压缩牛顿流体流入岩石基质形成高压，使岩石破裂，裂缝扩展并形成对称双翼裂缝。在这个过程中，认为岩石基质处于平面应变条件下，且属于不渗透基质。为了准确描述黏聚力单元模拟裂缝扩展的准确性，岩石的孔压特性及渗透性在本验证模型中被忽略。新构建的验证模型尺寸（100m×200m）足够大，可以消除模型边界条件的影响。对模型扩展区域进行网格局部细化，划分网格单元包括 13400 个平面应变单元（CPE4），100 个孔压黏聚力单元（COH2D4P）和 1 个射孔单元，数值模型参数如表 6-1 所示。在整个模型中，两个方向水平主应力的大小均设置为 2MPa，模型结构及网格划分如图 6-4 所示。

表6-1 验证数值模型参数

模型参数	黏性主控	韧度主控
弹性模量E/GPa	30	10
泊松比υ	0.2	0.1
断裂韧度K_{IC}/（MPa·m$^{1/2}$）	1.0	3.1782
断裂能G^C/（Pa·m）	32	1000
初始裂缝刚度K_{nn}/（N/m）	1.325×10^{11}	3.125×10^{12}
抗拉强度T_{max}/ MPa	2.0	2.5
压裂液黏度μ/（Pa·s）	0.001	0.0001
压裂液注入速率Q/（m^3/s）	0.001	0.001
压裂时间t/s	10	10
K_m值	0.7289	9.6211

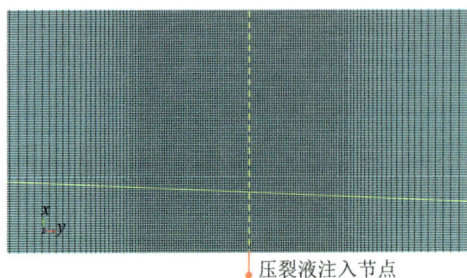

压裂液注入节点

图6-4　验证模型结构及网格划分

图 6-5 和图 6-6 分别为不同主控机制下裂缝扩展的注入节点孔隙压力和裂缝开口宽度的数值解和解析解对比结果。其中黏性主控机制裂缝扩展的注入节点孔隙压力和裂缝开口宽度的解析解分别由式（6-4）～式（6-7）计算得到，而断裂韧度主控的解析解由式（6-8）和式（6-9）计算得到。

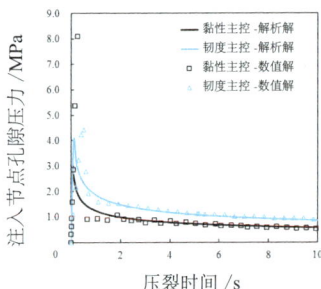

图6-5　相对耗散机制下注入节点孔隙压力的数值解和解析解

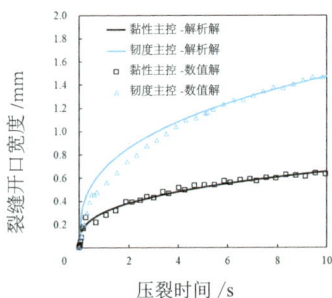

图6-6　相对耗散机制下裂缝开口宽度的数值解和解析解

结果表明，压裂开始，在未达到岩石破裂压力时，注入点孔压逐渐升高，岩石破裂后，压力逐渐恢复到一定值以维持裂缝的持续扩展，在整个压裂过程中，注入点压力的数值解和解析解吻合较好。不同的是，韧度主控水力裂缝注入点孔隙压力要高于黏性主控水力裂缝注入点的孔隙压力（图 6-5）。对于裂缝开口宽度，黏性主控裂缝在整个数值过程中，数值解与解析解均吻合较好。而韧度主控裂缝在压裂前期，解析解的值比数值解要高，随着压裂的进行，数值解和解析解逐渐趋于一致（图 6-6）。结果说明，本章构建的新模型在模拟不同主控机制下的水力裂缝扩展时均具有较高的准确性。

6.2.3　模型结构与建立

为了研究天然裂缝发育储层水平井暂堵压裂缝网扩展机理，本节基于黏聚力模型，联立新构建的射孔单元，建立了页岩水平井暂堵压裂缝网扩展模型。通过全局插入 0 厚度黏聚力单元，对水力裂缝任意方向扩展及与天然裂缝相互作用关系进行模拟。黏聚力单元与相邻基质单元共享位移自由度节点，该位移自由度节点也含有孔压自由度。而黏聚力单元中间含有两个单独的孔压节点，仅具有孔压自由度。黏聚力单元与岩石基质单元结构如图 6-7 所示。其中，相交的黏聚力单元共享一个孔压节点，实现对相交裂缝间流体流通的模拟。

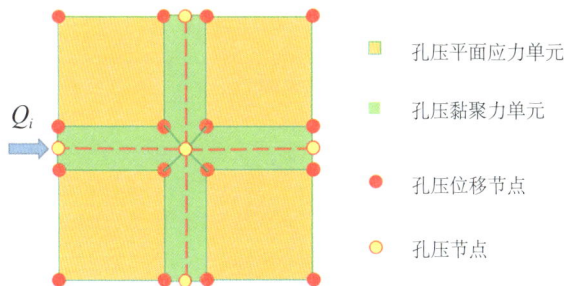

图6-7　岩石基质和黏聚力单元相邻结构

对于整体暂堵压裂模型，为了减少计算成本，采用对称模型进行模拟。模型尺寸为 120m×100m，射孔簇数为 2~5 簇，射孔簇间距为 10~40m。同时，本模型考虑了岩石的孔压特性和渗透性，实现了水力压裂的流 - 固耦合过程的模拟。模型结构示意图如图 6-8 所示。模型中含有大量随机分布的天然裂缝，通过引入共享节点，实现了水力裂缝与天然裂缝相互作用过程的求解，该方法的准确性已经在本书第 5 章得到验证。本书所用岩石力学参数来自四川东部某页岩储层，如表 6-2 所示。同时本书采用有效应力模型，初始孔隙压力及初始边界孔隙压力均设定为 0。

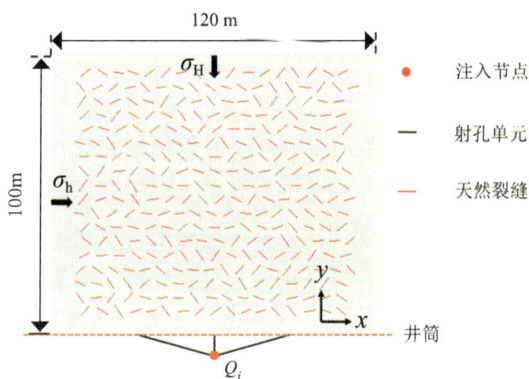

图6-8　页岩储层水平井暂堵压裂结构图

表6-2　数值模型输入参数

范围	模型参数	参数值
岩石力学性质	弹性模量E/GPa	17.2
	泊松比υ	0.175
	渗透率k/mD	1
	孔隙度/%	3.65

续表

范围	模型参数	参数值
黏聚力单元属性	法向名义应力 t_n/MPa	1.4（天然裂缝）
		6（水力裂缝）
	第一切向名义应力 t_s/MPa	8（天然裂缝）
		12（水力裂缝）
	第二切向名义应力 t_t/MPa	8（天然裂缝）
		12（水力裂缝）
	法向断裂能 G_n/（J/m^2）	300（天然裂缝）
		2000（水力裂缝）
	第一切向断裂能 G_s/（J/m^2）	1500（天然裂缝）
		3000（水力裂缝）
	第二切向断裂能 G_t/（J/m^2）	1500（天然裂缝）
		3000（水力裂缝）
压裂液注入参数	压裂液黏度 μ/（MPa·s）	1
	压裂液注入速率（m^3/s）	0.0001
初始孔隙压力	孔隙压力/MPa	51.2
初始地应力条件	水平地应力/MPa	53.2~61.2

6.2.4　模型网格敏感性分析

现有研究表明，当使用有限元模拟水力裂缝扩展时，裂缝形态和扩展路径高度依赖网格形状。为了降低裂缝扩展对网格形状及尺寸的敏感性，本节采用全局布种的形式，即全局网格均按照一个尺寸划分，这样做的目的是使每个网格单元尺寸几乎一致，降低网格尺寸的差异及网格奇异性。此外，网格尺寸的大小也是决定裂缝扩展形态及路径的重要因素，因此有必要进行网格尺寸敏感性研究。本节共采用了 4 种网格尺寸划分方式，最大网格尺寸为 2.0m，最小网格尺寸为 0.5m，其数值模拟结果如图 6-9 所示。结果表明，4 种网格尺寸下，水力裂缝从射孔方位起裂后均沿水平最大主应力方向扩展，这与现场实践中裂缝扩展形式一致。但在网格尺寸较大时，裂缝在最大主应力方向会发生一定偏折，裂缝扩展路径与实际情况有所偏差。当网格尺寸降低到 1.0m 和 0.5m 时，裂缝偏折已经较小，能够满足水力裂缝扩展模拟的要求。

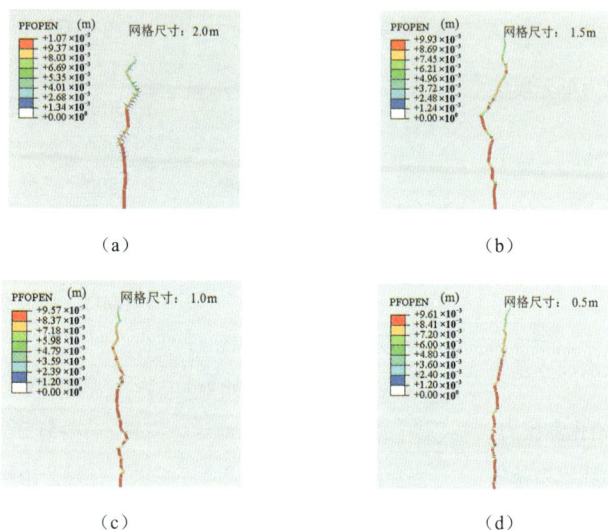

（a）

（b）

（c）

（d）

图6-9　不同网格尺寸下水力裂缝扩展形态

PFOPEN—裂缝宽度

研究表明，网格的细化虽然能提高计算精度，但也会增加计算成本。如图 6-10 为 4 种网格尺寸下模型计算时间变化关系。随着网格尺寸的增大，计算时间会降低，当网格尺寸为 0.5m 时，全局网格数量达到了 180055 个，计算时间也达到了 86000s，计算时间接近网格尺寸为 1.0m 时的 6 倍。在该尺寸下计算精度虽有所提高，但是计算成本显著增高。经过对计算资源和模型准确度的考量，本节模型采用全局网格尺寸为 1.0m 进行网格划分。

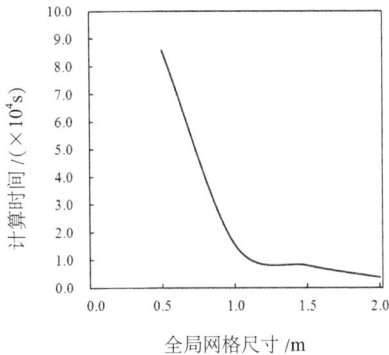

图6-10　不同网格尺寸下数值模型计算时间

6.3　复杂缝网二维数值模拟结果及分析

6.3.1　常规致密储层中暂堵压裂缝网扩展形态

为了研究常规储层中水平井暂堵压裂缝网扩展形态,本节建立了二维水平井暂堵压裂数值模型。模型设置 3 簇射孔,沿井筒等间距分布,假设储层均质且 3 簇裂缝在扩展过程中不发生转向,并沿水平最大主应力方向扩展。储层参数与表 6-2 中数据一致。数值模拟结果如图 6-11 所示,暂堵压裂和非暂堵压裂下裂缝扩展形态明显不一致。多簇裂缝同时压裂时,压裂初期 3 簇裂缝同时扩展,但随着压裂的进行,各簇裂缝产生的诱导应力增加,缝间干扰逐渐增强。因此,在压裂后期,中间裂缝的扩展受到抑制,只有两侧裂缝持续扩展。如图 6-11（a）、（b）所示,在非暂堵压裂中,当压裂过程结束时,只有两侧裂缝延伸至地层深处,而中间裂缝向储层深部扩展一小段距离后就停止了扩展。这说明,在压裂后期,缝间干扰使中间裂缝扩展阻力增加,扩展需要的井底注入压力增大,致使压裂液只进入两侧裂缝而不流向中间裂缝。而两侧裂缝关于中间裂缝对称分布,所受干扰应力相同,因此其扩展形态几乎一致。

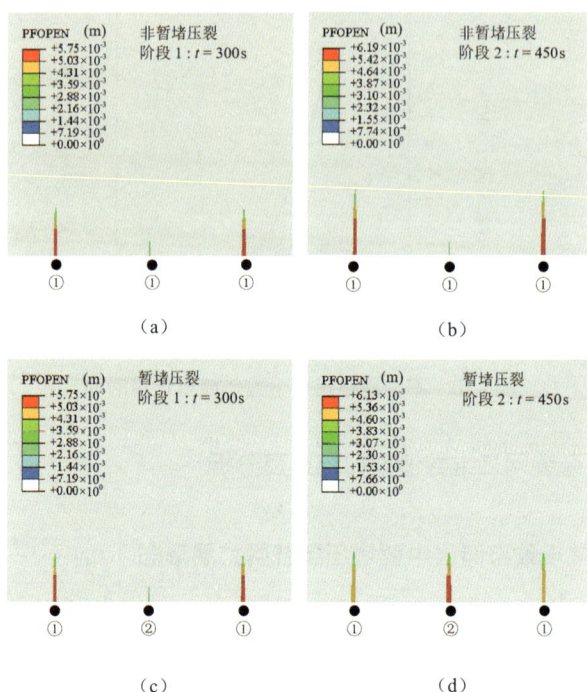

图6-11　常规致密储层暂堵和非暂堵压裂下裂缝扩展形态

（a）非暂堵压裂第一段压裂；（b）非暂堵压裂第二段压裂；
（c）暂堵压裂第一段压裂；（d）暂堵压裂第二段压裂

PFOPEN—裂缝宽度

　　图 6-11（c）、（d）为使用暂堵压裂时两个阶段的裂缝扩展形态。在第一段压裂，其裂缝扩展形态和非暂堵压裂一致，只有两侧裂缝扩展而中间裂缝受到压制。在第二段压裂过程中对两侧裂缝实行暂堵后，两侧裂缝停止扩展，所有压裂液进入中间裂缝，重新激活中间裂缝。在相同压裂液注入速率下，中间裂缝扩展深度和两侧几乎一致。这说明，暂堵压裂通过注入暂堵剂堵塞已压裂裂缝，能解除干扰应力对前期压裂裂缝的压制，在后续压裂过程中重新激活裂缝，形成均一扩展的裂缝网络系统。

图 6-12 为常规储层暂堵和非暂堵压裂缝网扩展过程中水平最小主应力变化云图。在多簇裂缝扩展过程中,裂缝尖端都出现了明显的应力集中现象,其压应力明显降低,在不同压裂阶段,压应力甚至还变为了拉应力。随着压裂的进行,缝间应力干扰逐渐增强,在两侧裂缝中间逐渐形成应力干扰区域。该区域内水平最小主应力值增加,导致中间裂缝需要克服更大的阻力维持裂缝扩展,致使压裂液几乎全部流入两侧裂缝,中间裂缝停止扩展。当第二段采用暂堵压裂后,中间裂缝重新开始扩展,裂缝两侧应力干扰增加,两侧裂缝缝间区域水平最小主应力增加,在近井筒附近出现了明显的压应力集中 [图 6-12(d)]。

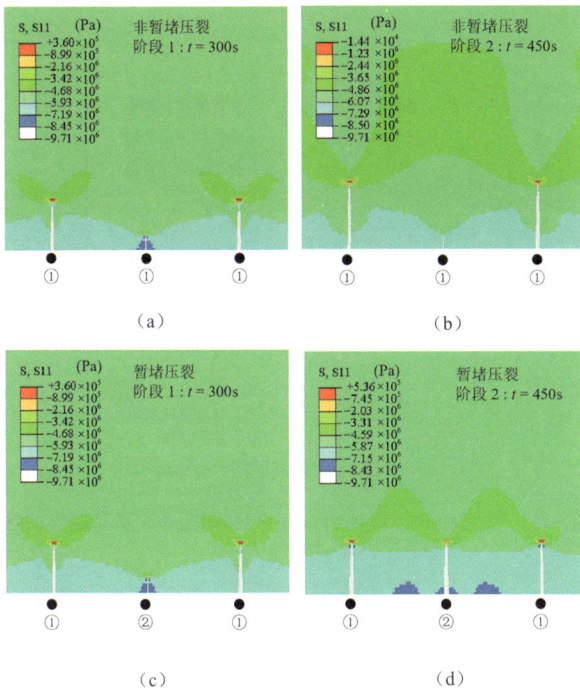

图6-12　暂堵和非暂堵压裂下水平最小主应力变化云图

(a)非暂堵压裂第一段压裂;(b)非暂堵压裂第二段压裂;
(c)暂堵压裂第一段压裂;(d)暂堵压裂第二段压裂

由于各簇裂缝间的应力干扰，各簇裂缝在压裂过程中压裂液分配不均的问题非常明显。如图 6-13 所示，在压裂初期，压裂液同时进入 3 簇裂缝，但随着压裂进行，进入中间裂缝的压裂液注入速率快速减小，当压裂时间为 100s 时，进入中间裂缝簇的压裂液注入速率便下降为 0。而两侧裂缝簇由于关于中间裂缝簇对称，压裂液注入速率几乎一致，曲线重合。当使用暂堵压裂时，两侧裂缝压裂液注入速率迅速降至 0，而中间裂缝被重新激活，几乎所有压裂液都进入了中间裂缝。这种现象说明，致密储层水平井分段压裂中，未暂堵时，裂缝趋于从两侧扩展而压制中间裂缝；当使用暂堵时，被压制裂缝能被重新激活，压裂液重新进入，被压制裂缝重新扩展。

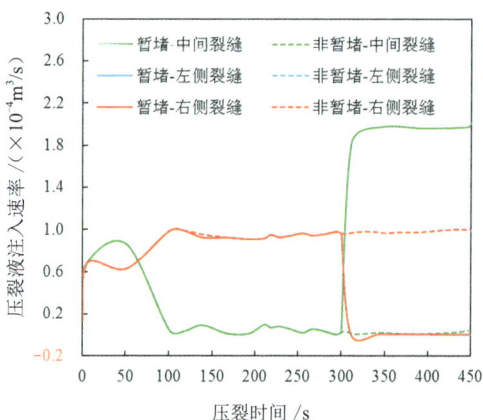

图6-13 暂堵和非暂堵压裂过程中压裂液注入速率变化曲线

井底注入压力是考察裂缝扩展形态的重要因素，较高的井底注入压力能打开被压制裂缝，激活裂缝并使裂缝重新扩展。如图 6-14 所示，无论是暂堵压裂还是非暂堵压裂，井底注入压力在压裂开始时均急速升高，岩石达到破裂压力后，井底注入压力会下降到一个定值，以维持裂缝的正常扩展。对于非暂堵压裂，在整个压裂过程，裂缝延伸扩展压力几乎保持一致。当使用暂堵压裂时，在暂堵剂进入 1、3 射孔簇时，井底注入压力急剧升高，并在压裂开始后缓慢下降。这种现象说明，由于缝间应力干扰，中间裂缝需要更大的缝内压力来维持裂缝扩展。而随着中间裂缝扩展，裂缝尖端会逐渐突破应力干扰区域，井底注入压力会逐步降低。

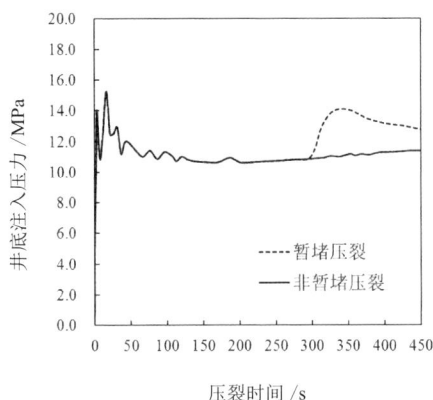

图6-14　暂堵和非暂堵压裂过程中井底注入压力变化曲线

不同压裂方式下裂缝扩展形态是水平井暂堵压裂中需要着重关注的。如图 6-15 所示，当压裂开始时，3 簇裂缝同时扩展，裂缝开口逐渐张开。但随着压裂的进行，中间裂缝受到两侧裂缝的强烈干扰，裂缝开口逐渐闭合，当未使用暂堵压裂，压裂时间为 450s 时，中间裂缝开口几乎已经完全闭合。当使用暂堵压裂时，中间裂缝被激活，压裂液重新进入，裂缝开口被打开，随着后续压裂的进行，裂缝开口宽度逐渐增加。而两侧裂缝开口宽度也与非暂堵压裂时的变化不一致。中间裂缝在重新扩展的过程中也产生了较强的干扰应力，使得左、右两侧裂缝受到强烈压制，裂缝开口宽度也逐渐降低。

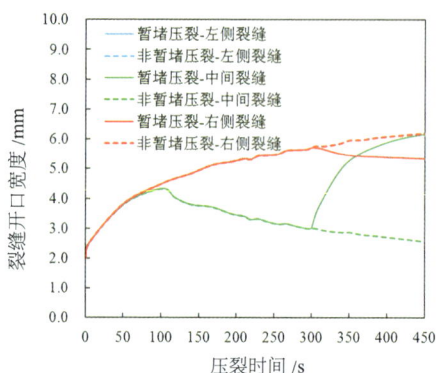

图6-15 暂堵和非暂堵压裂过程中裂缝开口宽度变化曲线

注：两个单元为对称结构，所以左侧裂缝线与中间裂缝线完全重合。

以上数值模拟结果表明，水平井多簇裂缝同时扩展时，由于缝间应力干扰，水力裂缝不会同时起裂，不同裂缝簇会受到不同压制继而停止扩展，而暂堵压裂可以释放被压制裂缝，使其重新扩展，形成均一扩展的裂缝网络系统。但是，在暂堵压裂不同压裂阶段依然存在着较大的缝间干扰，使得不同裂缝簇之间扩展阻力增大、扩展困难。因此，现场压裂方案设计时应该综合考虑地质参数及人工施工方法，以使储层改造体积最大化。

6.3.2 页岩储层中不同簇间距下暂堵压裂缝网扩展形态

为了研究页岩储层中缝网形成机理，必须考虑随机分布的天然裂缝。由于储层的非均质性，页岩储层中多簇裂缝网络扩展形态与常规均质储层中大不相同。在页岩储层某段压裂中，水力裂缝并不会同时起裂或者两簇裂缝同时扩展，而是选择阻力最小的一簇裂缝首先扩展。因此在扩展模式上，每簇裂缝是依次顺序扩展。通过暂堵压裂，可以解除不同裂缝簇间的压制，形成均一扩展的裂缝网络系统。而在这个过程中，各簇裂缝间的簇间距决定了各簇裂缝缝间应力干扰强度，因此需要重点考虑。在本节中，建立了 4 组不同射孔簇间距缝网压裂模型，每个模型中分别包含 3 个裂缝簇，间距分别为 10m、20m、30m、40m。数值模拟结果如图 6-16 所示。图中①、②和③为暂堵压裂过程中各簇裂缝的起裂顺序，实心圆点为射孔簇在井筒的位置。数值模拟结果表明，由于页岩储层非均质性及压裂过程中缝间诱导应力的干扰，在暂堵压裂过程中不同簇间距下裂缝起裂顺序不一致。缝间应力干扰较强时，优先从两侧裂缝簇起裂，越靠近中间位置的裂缝簇起裂顺序越靠后。说明中间裂缝簇在扩展过程中所受应力干扰最为严重，最难扩展。因此，要想达到 3 簇裂缝均一扩展，需要进行三段暂堵压裂。

当存在大量随机分布的天然裂缝时，水力裂缝网络系统形态和扩展路径极其复杂，随着簇间距的增加，缝间干扰逐渐减弱，缝网形态也逐步趋于简单。使用暂堵压裂时，尽管各簇射孔间距很小，但各簇裂缝均能在各个压裂阶段有效向地层深部延伸。但由于干扰应力的影响，但各簇裂缝扩展会有过度偏转和相互连通的现象发生，这会导致缝网有效长度减少。如图 6-16（a）所示，当簇间距为 10m 时，第二段压裂裂缝由于应力干扰发生过度转向，穿透天然裂缝的概率升高，沟通储层效率下降。而第三段压裂的中间裂缝，受干扰应力影响更大，相同注入条件下，扩展至地层深度最短，压裂能量过度消耗在裂缝张开方面，因此其缝网形态短而宽。当簇间距为 20m 时［图 6-16（b）］，第三段压裂中间裂缝簇逐渐偏向第一段压裂裂缝，在压裂后期和第一段裂缝连通，此时第一段裂缝重新开始扩展，并延伸至地层深部。但由于较强的应力干扰，两簇裂缝相互靠近区域的裂缝过度闭合，这将增大压裂液在缝网中的流动摩阻。当簇间距增加到 40m 时［图 6-16（d）］，各簇裂缝在扩展过程中，缝间干扰已经很小，各簇裂缝在各自扩展方向上与天然裂缝相互沟通，并沿水平最大主应力方向扩展，形成均一扩展的裂缝网络系统。

随着裂缝簇间距增加，缝间干扰逐渐减弱，缝网最大裂缝宽度也逐渐减小，当簇间距为 20m 时，其最大裂缝宽度为 16.0mm；而当簇间距为 40m 时，其最大裂缝宽度仅为 10.6mm。说明簇间距较大时，水力压裂能量较多消耗在增加裂缝网络长度、沟通更多天然裂缝上；而簇间距较小时，水力压裂能量大多消耗在增加缝网宽度上。因此，使用大簇间距的完井方案能够最大限度地增加储层渗透率和改造体积。

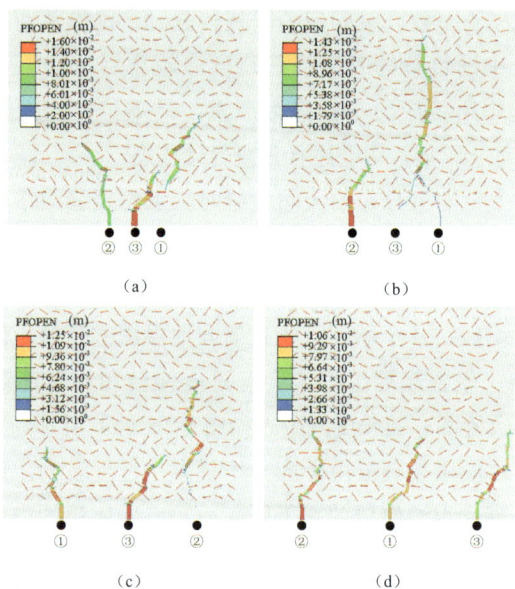

图6-16　不同簇间距下裂缝网络形态

（a）簇间距为 10m；（b）簇间距为 20m；

（c）簇间距为 30m；（d）簇间距为 40m

PFOPEN—裂缝宽度

缝网扩展过程中，由于各缝间产生的诱导应力，储层原始地应力的大小和方向均会发生明显变化。现有研究表明，水力裂缝扩展过程中，在靠近裂缝区域会产生明显的诱导应力。诱导应力作用在储层中趋于减小水平最大主应力值而增大水平最小主应力值，当储层水平应力差较小时，原始应力场方向会发生反转。

如图 6-17 所示，各簇裂缝在裂缝尖端和裂缝过度转向区域应力集中现象明显。特别是在裂缝尖端，水平压应力已经转变为水平拉应力。随着簇间距的增加，各簇裂缝间应力干扰逐渐降低，水平最小主应力的变化也逐渐变小。当水力裂缝各自扩展不发生连通时，随着簇间距增加，水平最小主应力最大值逐渐降低。说明簇间距增加，水力裂缝需要克服的阻力减小，更容易扩展延伸至地层深部。而当簇间裂缝相互连通扩展时，水平最小主应力最大值最小，如图 6-17（b）所示，仅为 2.45MPa。这说明当裂缝连通时，前段暂堵裂缝被激活，快速扩展，突破应力干扰区域，所以扩展阻力逐渐减小。

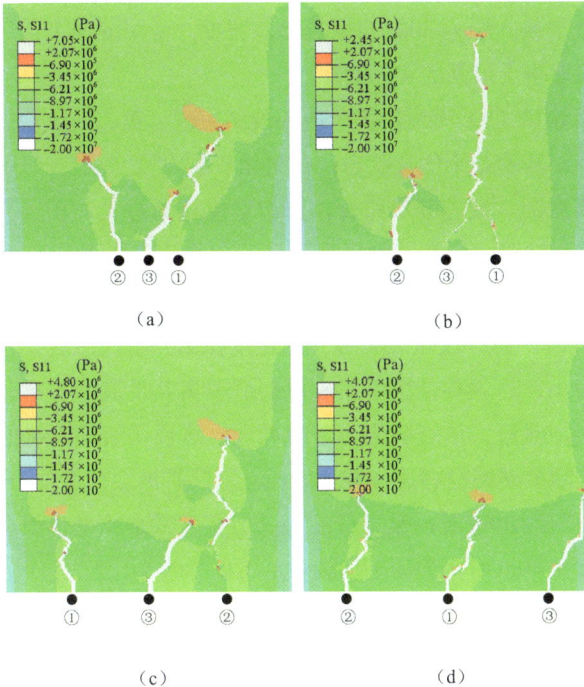

（a）　　　　　　　　　（b）

（c）　　　　　　　　　（d）

图6-17　不同簇间距下水平最小主应力分布

（a）簇间距为 10m；（b）簇间距为 20m；
（c）簇间距为 30m；（d）簇间距为 40m

如图 6-18 为不同簇间距下不同压裂段裂缝开口宽度变化关系。
如图 6-18（a）所示，对于第一段压裂扩展的裂缝，由于不存在缝间
干扰，所以在第一段压裂结束时，裂缝开口宽度在不同簇间距下基
本相同。而随着压裂进行，第一段压裂裂缝开口宽度逐渐减小。总
的来说，随着簇间距的增加，应力干扰逐渐降低，裂缝开口宽度逐
渐减小。但是起裂顺序的不同会改变这种状态。当簇间距为 40m
时，中间裂缝首先起裂扩展，随后扩展的是两侧裂缝，此时第一段
裂缝与第二段及第三段裂缝的间距都为 40m。而当簇间距为 30m
时，左侧裂缝首先起裂，与第二段及第三段裂缝间的实际间距分别
60m 和 30m，因此在第三段压裂结束时，簇间距为 40m 的裂缝开
口宽度低于簇间距为 30m 的裂缝开口宽度。说明缝间干扰应力的大
小，直接取决于缝间的实际间距。

如图 6-18（b）所示，第一段压裂结束时，第二段压裂裂缝开口
宽度很小，基本处于闭合状态，在暂堵压裂阶段（第二段压裂），裂
缝被重新激活，裂缝开口张开，开口宽度逐渐增大。在第三段压裂
开始后（t=3000s），第二段压裂裂缝开口宽度逐渐减小，尤其是簇
间距为 10m 和 30m 时，裂缝开口宽度减小明显。不同的是，簇间
距为 20m 时，第二段压裂裂缝开口宽度在第三阶段压裂过程中的减
小幅度很小，这主要是由于第三段裂缝偏离其扩展，与第一段裂缝
连通扩展，对第二段裂缝应力干扰减弱。这说明缝间干扰的大小还
与裂缝实际扩展路径有关，裂缝间相互背离扩展会使缝间干扰减弱。
而当簇间距为 40m 时，第二段裂缝开口宽度减小幅度也很小，说明
当簇间距为 40m 时，缝间干扰较小，可以忽略不计。

如图 6-18（c）所示，前两段压裂过程中，第三段压裂裂缝开口
会局部张开，开口宽度会很小。随着第三段压裂的进行，压裂液重
新进入激活裂缝，裂缝会逐渐张开，开口宽度也逐渐增大。但随着
簇间距增大，裂缝开口宽度是逐渐降低的。这说明簇间距增大，缝
间干扰应力减弱，水力压裂能量逐渐驱使裂缝向储层深部延伸，而

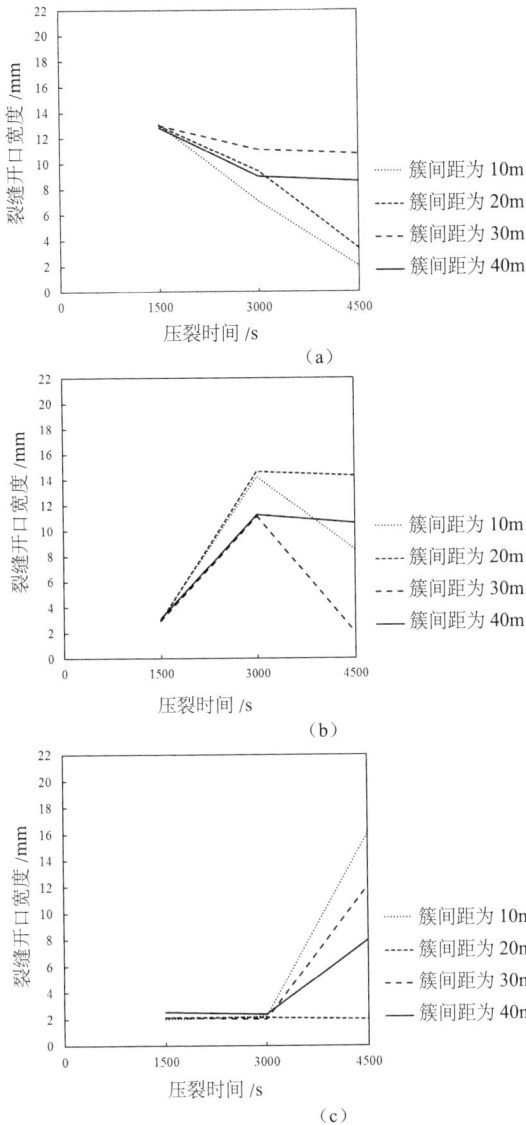

图6-18　不同射孔簇间距下暂堵压裂不同压裂段裂缝开口宽度变化曲线

（a）第一段压裂裂缝开口宽度；（b）第二段压裂裂缝开口宽度；

（c）第三段压裂裂缝开口宽度

不是扩展裂缝宽度。不同的是，当两簇裂缝相互连通时，由于缝间过度逼近，会使缝间干扰应力过大，使两簇裂缝都过度闭合。在现实压裂中，裂缝过度闭合会导致支撑剂破碎或嵌入储层壁面，裂缝导流能力降低，渗透率下降，不利于现场油气开采。因此，应该尽量避免缝网扩展时裂缝间过度逼近、连通扩展，而增加射孔簇间距是简单且有效的方法。不同于其他压裂方式的是，水平井暂堵压裂能够在较小簇间距下实现裂缝网络体系的均一扩展，最大限度地增加储层改造体积。

6.3.3 页岩储层中不同水平应力差下暂堵压裂缝网扩展形态

水平应力差是控制页岩缝网扩展形态的重要因素，但水平井暂堵压裂中的缝网扩展机理仍不明确。因此，本节通过改变模型的水平应力差，建立了 4 组不同水平应力差下的水平井暂堵压裂模型，其水平应力差分别为 2MPa、4MPa、6MPa、8MPa。各裂缝簇间距也为定值 20m。其余模型参数如表 6-2 所示，数值模拟结果如图 6-19 所示。随着水平应力差增加，各簇裂缝间的应力干扰减弱，裂缝偏转的概率降低，裂缝更倾向于沿着水平最大主应力方向扩展。不同水平应力差下，各簇裂缝间扩展顺序不变，均是先从两侧裂缝扩展，随后中间裂缝才开始扩展。

如图 6-19（a）、（b）所示，当水平应力差较低时，缝间干扰较为明显，各簇裂缝间发生明显转向，出现偏离彼此扩展或者相互连通的扩展模式。当压裂完成时，裂缝宽度的最大值也较低。说明水平应力差较低时，水力裂缝扩展阻力较小，更容易扩展至地层深部。此外，在此地应力场条件下，水力裂缝更容易打开天然裂缝，形成更大的裂缝网络系统。当水平应力差增大时，各簇裂缝扩展形态趋于一致，基本沿着水平最大主应力方向扩展，形成的裂缝网络形态较为单一。如图 6-19（c）、（d）所示，当水平应力差为 6MPa 和

8MPa，水力裂缝与天然裂缝相交时，穿过和背离天然裂缝扩展的概率增加，此时各簇裂缝形态趋于单一，沟通天然裂缝数量降低，有效裂缝网络体积减小。

此外，随着水平应力差的改变，缝间干扰应力作用形式也会发生改变。当储层水平应力差较小时，裂缝扩展路径较为复杂，过度偏离和逼近会使相对距离较近的裂缝趋于闭合，此现象主要发生在水平应力差为 2MPa 和 4MPa 模型中。如图 6-19（b）所示，由于第三段裂缝过度逼近第一段裂缝，致使其在靠近第一段裂缝区域的裂缝几乎完全闭合，这会导致支撑剂破碎和过度嵌入，裂缝导流能力降低。因此在低水平应力差条件下，应该着重考虑支撑剂性能，优选使用强度较高的支撑剂。而当水平应力差达到 6MPa 和 8MPa时，第三段压裂裂缝受到前两段的压制，裂缝扩展阻力增大，在相同泵注条件下形成的裂缝较前两段压裂裂缝扩展至储层位置较浅，裂缝宽度较大。同时，第三段裂缝簇对两侧裂缝也有强烈的干扰，在第三段裂缝扩展深度内，前段压裂裂缝过度闭合。但值得注意的是，当水平应力差大于 6MPa 时，相同压裂条件下裂缝网络形态基本一致。说明在低水平应力差范围内增加储层水平应力差对缝网形成影响明显，而高水平应力差下增加水平应力差对缝网形态影响减弱。

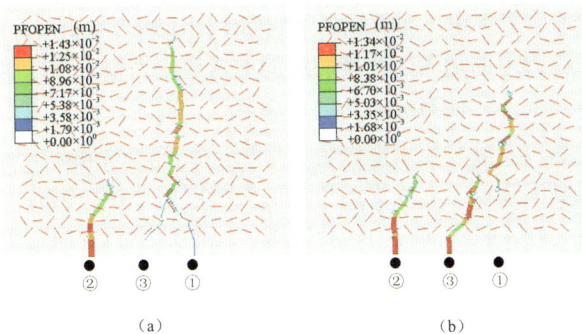

（a）　　　　　　　　　　　（b）

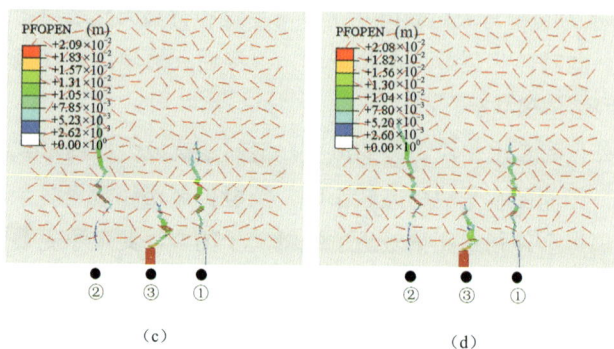

图6-19　不同水平应力差下裂缝网络形态

(a) 水平应力差为2MPa；(b) 水平应力差为4MPa；

(c) 水平应力差为6MPa；(d) 水平应力差为8MPa

PFOPEN—裂缝宽度

　　不同的是，当储层水平应力差增大时，缝网最大宽度均有所增加，当水平应力差为6MPa时，其最大宽度达到20.9mm。而当水平应力差继续增大时，其裂缝最大宽度几乎保持不变。再次说明，当储层水平应力差较大时，多簇裂缝网络扩展形态趋于一致，继续增大水平应力差对储层缝网扩展形态影响较小。

　　水平应力差的大小会改变裂缝的扩展形态，随之也会改变缝间应力分布状况。如图6-20所示，不同水平应力差下各簇裂缝间均产生了应力集中和分布不均的现象。裂缝发生偏折时，裂缝偏折部位发生明显的应力集中，而裂缝总是倾向于向压应力较小的方向扩展。随着水平应力差的增大，各簇裂缝间的诱导应力很难使原始地应力方向发生改变，致使裂缝偏转的概率降低。同时，水平应力差的增大会增加水力裂缝穿透天然裂缝的概率，使水力裂缝过度偏转和相互连通的概率降低，形成更为单一的裂缝网络系统。因此，当水平应力差增大时，裂缝间应力干扰减弱，原始地应力方向发生反转的概率降低，形成单一缝网的概率上升。

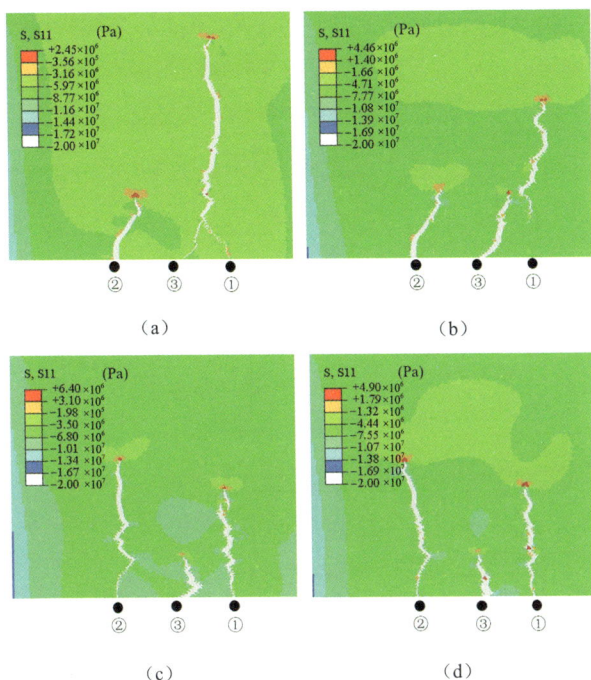

图6-20　不同水平应力差下水平最小主应力分布

（a）水平应力差为2MPa；（b）水平应力差为4MPa；
（c）水平应力差为6MPa；（d）水平应力差为8MPa

图 6-21 为不同储层水平应力差下暂堵压裂不同压裂段裂缝开口
宽度变化关系。如图 6-21（a）所示，对于第一段压裂裂缝，随着压
裂进行，裂缝开口宽度是逐渐降低的。说明随着压裂继续，前段压
裂裂缝受到后续压裂裂缝的干扰，裂缝壁面承受的压力增大，裂缝
趋于闭合。随着水平应力差增大，裂缝开口宽度是逐渐增加的，说
明水平应力差越大，水力裂缝向地层深部延伸的阻力增加，水力压
裂能量过多地用于使裂缝张开，增加裂缝宽度。值得注意的是，当
水平应力差为4MPa 时，裂缝开口宽度在每段压裂结束时都是最低，
这主要是第二段和第三段裂缝在压裂过程中过度逼近第一段压裂裂

缝，致使第一段裂缝所受应力干扰最大。因此，实际扩展过程中，裂缝过度偏转或过度贴近都会明显改变裂缝网络形态，而这种偏转在低储层水平应力差下比较容易发生。

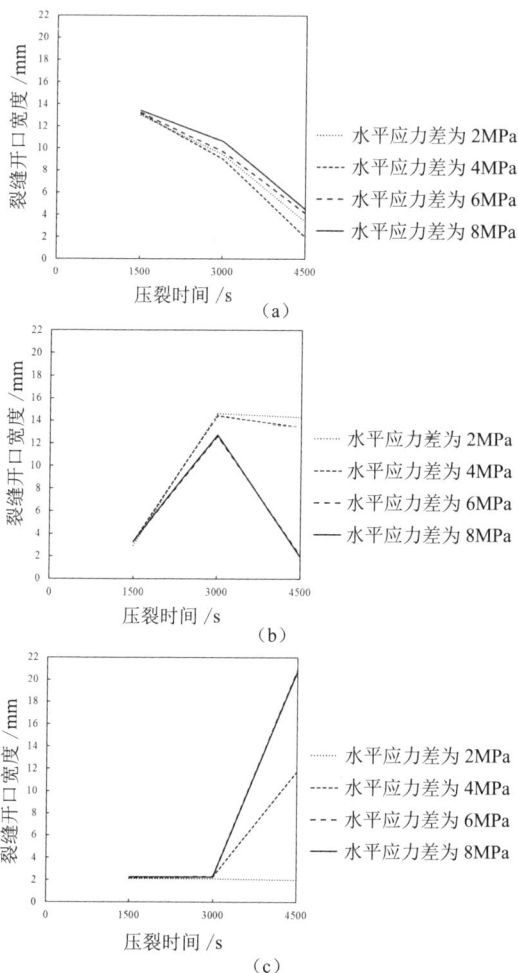

图6-21 不同水平应力差下暂堵压裂不同压裂段裂缝开口宽度变化曲线

（a）第一段压裂缝开口宽度；（b）第二段压裂裂缝开口宽度；
（c）第三段压裂裂缝开口宽度

如图 6-21（b）所示，对于第二段压裂裂缝，第二段压裂开始时，裂缝被激活，裂缝开口张开。当水平应力差为 2MPa 和 4MPa 时，由于第三段压裂裂缝在扩展过程中偏离第二段压裂裂缝，第二段压裂裂缝受其干扰应力的影响减小，所以在第三段压裂过程中，第二段压裂裂缝开口宽度虽有降低，但降低幅度有限。说明裂缝形态受裂缝实际扩展路径的影响，其受干扰应力影响的大小主要取决于各簇裂缝扩展的相对距离。而当水平应力差达到 6MPa 和 8MPa 时，第二段裂缝开口宽度的变化几乎一致。说明大水平应力差下，储层水平应力差的增大对裂缝形态影响较小。如图 6-21（c）所示，对于第三段压裂裂缝而言，由于应力干扰，前两段压裂过程中裂缝开口几乎处于闭合状态，而第三段压裂开始时，裂缝开口张开。随着储层水平应力差增大，裂缝开口宽度增加，但当水平应力差大于 6MPa 时，裂缝开口宽度变化不大。在整个第三段压裂过程中，水平应力差为 6MPa 和 8MPa 时的裂缝开口宽度曲线完全重合。说明水平应力差达到一定值时，在相同簇间距下，增大水平应力差对裂缝间应力干扰影响不大。

6.3.4　页岩储层中不同射孔簇数下暂堵压裂缝网扩展形态

射孔簇数量直接决定了水力裂缝主缝的数量，也就决定了裂缝网络体积的大小。但当多簇水力裂缝同时扩展时，由于应力干扰及储层非均质性的影响，往往只有 1 簇或 2 簇裂缝能形成有效裂缝网络，因此研究射孔簇数对水力裂缝网络形成的影响极为重要。本节根据上述问题，建立了 4 组不同射孔簇数下的页岩储层缝网扩展模型。其射孔簇数分别为 2、3、4、5，簇间距设定为 20m，每段暂堵压裂时间为 1500s。其余参数与表 6-2 中一致，其数值模拟结果如图 6-22 所示。

结果表明，由于扩展过程中缝间的应力干扰，多簇裂缝扩展时两侧水力裂缝倾向于首先扩展，随后扩展顺序依次向中间裂缝迁移。说明水平井压裂多簇裂缝同时扩展时，中间裂缝受应力干扰最严重。如图 6-22（a）所示，当射孔簇数为 2 时，裂缝扩展形态相对单一，由于应力干扰，第一段压裂裂缝首先扩展，与天然裂缝相互沟通，在第二段压裂过程中，强烈的应力干扰使第二段裂缝扩展路径较为复杂，扩展长度降低，同时第二段压裂裂缝干扰应力使第一段裂缝逐渐闭合。

而当射孔簇数为 3 和 4 时［图 6-22（b）、（c）］，各簇裂缝间偏转强烈，甚至发生了两簇裂缝相互连通扩展的现象。当两簇裂缝相互靠近和连通时，其相对距离减小，裂缝簇间干扰增强，导致两簇裂缝靠近区域裂缝宽度减小，裂缝趋于闭合。而连通后重新扩展裂缝能快速突破应力干扰区域，延伸至地层深部。同时，两簇裂缝过度逼近，会使该簇裂缝与其余扩展裂缝间的相对距离增大，使其干扰减小，扩展阻力减小。

如图 6-22（d）所示，当射孔簇数为 5 时，缝间干扰最大，裂缝扩展路径也更为复杂。值得注意的是，该压裂方案下两侧裂缝延伸至储层的深度最大，而随着裂缝簇扩展顺序向中间移动，裂缝簇延伸至储层的深度减小。说明水平井暂堵压裂能激活各簇裂缝形成裂缝网络系统，但当簇间距较小、射孔簇数较多时，后续压裂裂缝由于强烈的应力干扰，在相同压裂液注入速率下，扩展至储层的深度降低。此外，压裂顺序靠后的裂缝簇越容易在近井地带形成裂缝网络。该状态下，后续压裂裂缝的有效体积降低，沟通储层、增加储层渗透率的能力减弱。在暂堵压裂中，虽然增加射孔簇数能够增加各簇裂缝扩展效率，但簇间距较小时，中间裂缝簇由于受到强烈的应力干扰，形成缝网的效率降低。所以现场压裂方案中需要综合考虑射孔簇数与簇间距的关系。

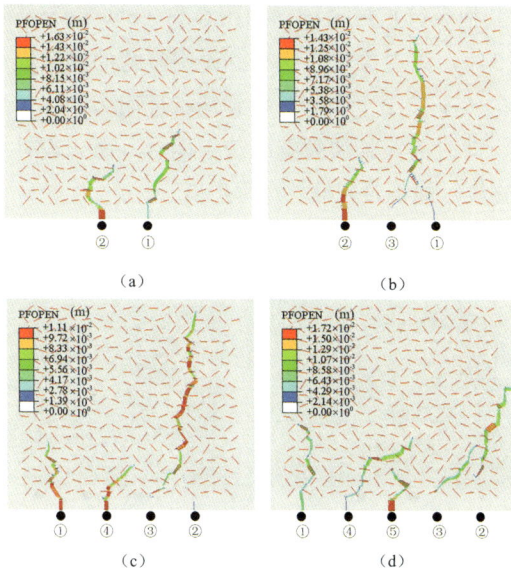

图6-22　不同射孔簇数下裂缝网络形态

（a）射孔簇数为 2；（b）射孔簇数为 3；

（c）射孔簇数为 4；（d）射孔簇数为 5

PFOPEN—裂缝宽度

实际上，现场实践中往往需要在较小簇间距下形成有效裂缝网络体积，以最大限度增加储层改造体积。所以在现场方案设计中，需要进行射孔簇数与簇间距关系的验证，找出适应储层条件的射孔簇数与簇间距最优方案。

图 6-23 为不同射孔簇数压裂条件下水平最小主应力的分布情况。结果表明，在相同簇间距下，随着射孔簇数的增加，各簇裂缝间的应力干扰趋于严重。此外，射孔簇数较大时，各簇裂缝扩展路径也较为曲折，发生过度偏转的概率越高。明显地，在裂缝发生过度偏转的区域都会出现明显的应力集中现象，说明过多水力压裂能量用来使裂缝簇转向，其扩展效率降低。值得注意的是，当两簇裂缝相互靠近扩展时，两簇裂缝间均有应力奇异连通区域，其压应力

值会高于其他裂缝扩展区域。如图 6-23（c）、（d）所示，当射孔簇数为 4 和 5 时，该现象较为明显。说明裂缝的过度逼近会急速增加该区域内的水平最小主应力，使裂缝扩展阻力增加，裂缝壁面所受压力增加，此时前段扩展裂缝会趋于闭合，而当段扩展裂缝则趋于增加缝网宽度，而不是向储层深部扩展。

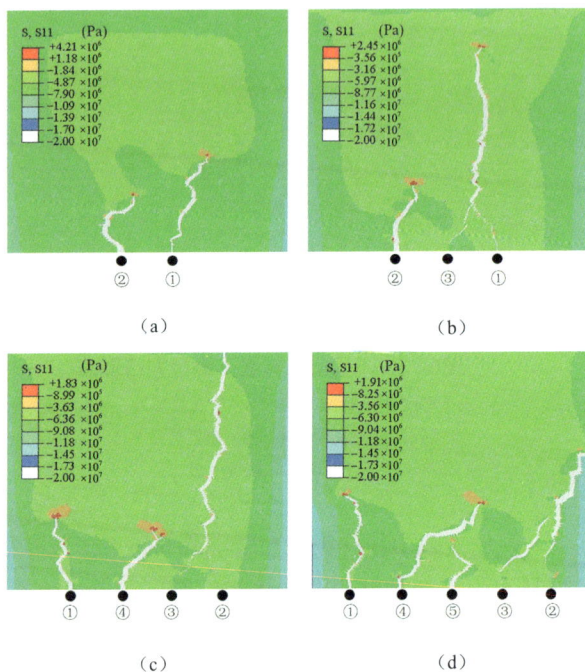

图6-23　不同射孔簇数下水平最小主应力分布
（a）射孔簇数为 2；（b）射孔簇数为 3；
（c）射孔簇数为 4；（d）射孔簇数为 5

图 6-24 和图 6-25 为不同射孔簇数下每段压裂结束后，不同压裂阶段裂缝开口宽度变化关系，其值可以定量表征缝间干扰强度。图 6-24（a）为 2 簇射孔下裂缝开口宽度变化，结果表明，当只有 2 簇裂缝扩展时，诱导应力影响较为单一。在第二段压裂中，第一段压

裂裂缝受第二段压裂裂缝干扰，裂缝开口宽度减小，裂缝开口逐渐闭合。而当射孔簇数为 3 时 [图 6-24（b）]，由于第三段压裂裂缝和第一段裂缝连通扩展，过度逼近使得一、三段裂缝在整个压裂过程结束后，裂缝开口趋于闭合。由于第三段压裂裂缝远离第二段压裂裂缝扩展，所以在第三段压裂过程中，其裂缝开口宽度变化很小。随着射孔簇数的逐渐增加，裂缝干扰情况更为复杂，裂缝开口宽度变化关系也越复杂。

如图 6-25（a）所示，由于第二段、第三段压裂裂缝在不同压裂阶段连通，所以在整个压裂过程结束时，其裂缝开口趋于闭合，这与射孔簇数为 3 时一致。在此过程中，其他三簇裂缝远离第一段压裂裂缝扩展，所以整个过程中，第一段压裂裂缝受干扰应力影响较小，裂缝开口宽度略微降低。不同的是，第四段扩展裂缝由于要克服以前压裂裂缝的影响，大部分水力压裂能量用来张开水力裂缝，所以压裂结束时，裂缝开口宽度达到压裂过程结束时的最大值。如图 6-25（b）所示，当射孔簇数为 5 时，由于裂缝干扰增强，裂缝开口宽度变化复杂。其裂缝干扰主要取决于各簇裂缝扩展的相对距离，相对距离越小，缝间干扰越严重，缝网扩展路径越复杂，裂缝开口宽度也就越小，甚至趋于闭合。所以在现场实践中，较大射孔簇间距下实行暂堵压裂会增加各簇射孔的造缝能力。

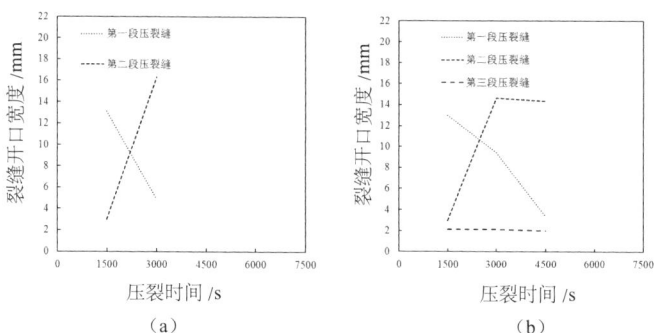

图6-24　不同射孔簇数下暂堵压裂不同压裂阶段裂缝开口宽度变化曲线

（a）射孔簇数为 2；（b）射孔簇数为 3

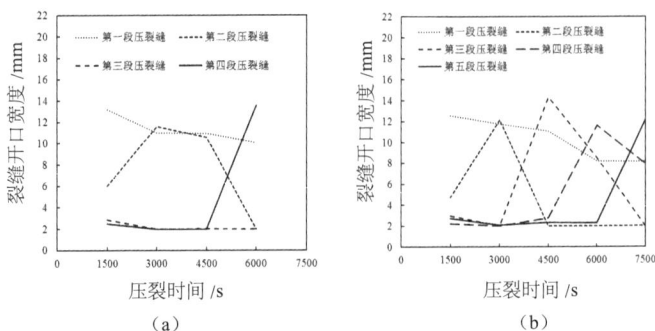

图6-25 不同射孔簇数下暂堵压裂不同压裂阶段裂缝开口宽度变化曲线

（a）射孔簇数为4；（b）射孔簇数为5

6.4 致密储层暂堵压裂三维数值模拟结果及分析

为了研究带隔层的致密储层中水力压裂暂堵过程中水力裂缝的扩展规律，本节研究建立了结合孔隙压力的有限元水平井暂堵压裂多裂缝扩展模型，通过自定义射孔单元以模拟射孔参数对裂缝动态扩展过程的影响，实现应力干扰状态下压裂液动态分配过程的求解，完成致密储层暂堵压裂多裂缝扩展过程的模拟。如图6-26所示，每个射孔单元共用一个流体注入节点，流出节点与相应的孔压节点连通，并建立包含射孔单元的有限元模型。随后，将孔隙压力黏聚力单元引入有限元模型，模拟多簇水力裂缝的扩展。在水力压裂过程中，压裂液从注入节点流入，并通过孔压节点进入黏聚力单元，在黏聚力单元中切向流动并渗入岩石基质。整个模型中，黏聚力单元通过插入岩石基质单元边界实现水力裂缝与岩石基质的连通，连通部分通过共享孔压节点实现水力压裂过程中流 - 固耦合模拟。在该模型中，可通过一个流体注入节点连通多个射孔簇，以实现压裂过程中压裂液动态分配过程的模拟。在传统的 KGD 或 PKN 模型中，可以通过注入牛顿压裂液来形成椭圆形的压裂裂缝，然而，裂缝的扩展受宽度和长度的限制，裂缝在高度方向上的扩展无法解决。因此，利用有限元模型建立一个 1/4 对称的三维模型，考虑目标储层和隔层内的三维裂缝扩展，另外还可以表征多裂缝间的应力干扰和压裂液动态分配。如图 6-27 所示，为了消除模型边界的影响，将上述模型扩展到 100m×100m×20m，考虑孔隙压力和渗透率的整个岩石基质单元包含 10 万个三维孔隙流体 / 应力（C3D8P）单元。同时，在岩石基质单元中插入 13000 个孔压黏聚力单元（COH3D8P）。模型的上下表面只在 Y 方向上有可运动自由度，而四周边界在 X 和 Y 方向上的自由度都被固定，无法移动。根据有效应力原理，假设整个模型的孔隙压力为 0MPa。在上述模型的基础上，进一步引入 3 个自编射孔单元（UEL），通过连接孔压黏聚力单元的孔压节点，将有限元模型结合起来。为了减少计算成本，创建 1/4 对称模型，已有学者利用 ABAQUS 平台验证了该模型在水力裂缝扩展计算中的准确性。但是，本研究中引入的用户自定义射孔单元需要进行验证。因此，本节采用两个验证样本：（1）不含自定义射孔单元的有限元裂缝扩展模型实验；（2）具备射孔单元的有限元裂缝扩展模型实验。

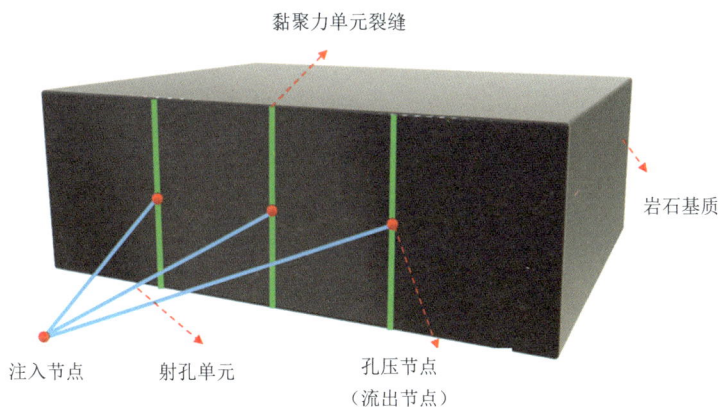

图6-26　自定义射孔单元与暂堵压裂关联模型

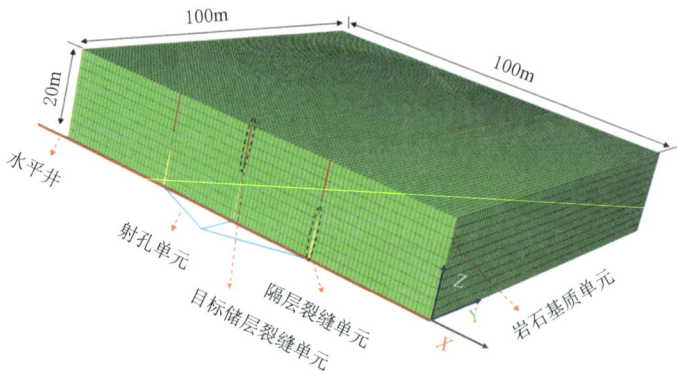

图6-27 三维有限元1/4暂堵压裂模型

图 6-28 显示了仅包含 3 个射孔单元的用户定义模型的压裂液注入速率分布结果。模型中采用恒压（$P_1=P_2=P_3=10\mathrm{MPa}$）流出节点，注入节点压裂液注入总速率 $Q_{\mathrm{tol}}=1.2\times10^{-3}\mathrm{m^3/s}$。数值分析结果表明，对水力压裂液动态分配结果具有较高的一致性。在没有暂堵的情况下，压裂液注入速率以 Q_1、Q_2 和 Q_3 的平均速率 $0.4\times10^{-3}\mathrm{m^3/s}$ 流入每个射孔，当对射孔两侧进行暂堵时，压裂液仅以 $1.2\times10^{-3}\mathrm{m^3/s}$ 的总速率流入中间射孔，而 Q_1 和 Q_3 的流速为 $0\mathrm{m^3/s}$。此外，基于孔压黏聚力单元的水力裂缝扩展有限元模型的准确性和可靠性已经得到了多项研究的证实。在传统的有限元模型中，水力压裂是通过向位于黏聚力单元中间的孔隙压力节点注入压裂液进行模拟，新的有限元模型通过用户定义射孔单元内的共享孔压节点注入压裂液进行模拟。从图 6-28 的结果可以看出，传统有限元模型和 UEL-FEM 模型在注入压力和水力裂缝开口宽度（CMOD）上表现出高度的一致性。UEL-FEM 基础模型显示，随着压裂时间达到 30s，注入压力和 CMOD 变化不大，而后续压裂时孔隙压力基本保持一致，传统有限元计算结果与 UEL-FEM 计算结果的 CMOD 差异小于 0.1mm。出现这种现象的原因是射孔的 UEL-FEM 模型包含 3 个单元，其中 2 个单元实施暂堵后，导致压裂过程中的孔隙压力干扰。这是一个积极

的结果，证明了 UEL-FEM 模型能够有效模拟流体动态分配及裂缝的损伤演化过程。为了研究致密油储层的裂缝扩展过程，上述模型选取不同隔层和目标储层的抗拉强度（BTS）、压裂液注入速率、裂缝簇间距和水平应力差异系数（SDC）对裂缝起裂及损伤演化过程进行研究，具体分析结果见后面小节。

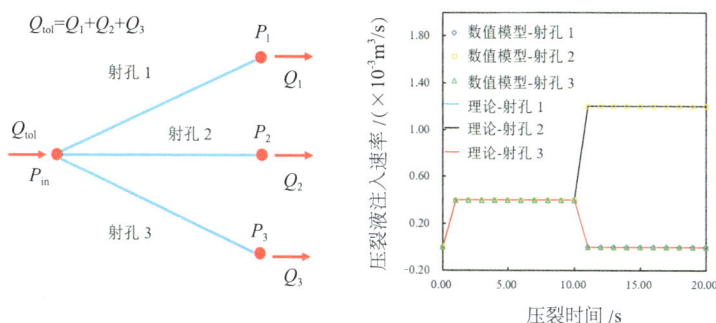

图6-28　未连接有限元模型的射孔单元流体动态分配

6.4.1　不同裂缝簇间距下暂堵压裂缝网扩展形态

在致密储层水平井多段分簇水力压裂过程中，裂缝簇间距是决定水力裂缝扩展形态的关键因素。因此，本小节将定量讨论簇间距变化对裂缝起裂及扩展形态的影响，该组模型设置为 10~40m 不等的簇间距，簇间距增量为 10m，压裂液注入速率为 0.0003m³/s，水平应力差异系数为 0.286，隔层抗拉强度为 8MPa，其他压裂参数如表 6-3 所示。

表 6-3　储层水力压裂设计参数

范围	模型参数	参数值
岩石力学性质	弹性模量E/GPa	17.8

续表

范围	模型参数	参数值
岩石力学性质	泊松比υ	0.195
	渗透率k/mD	1
	孔隙度/%	2.75
水力裂缝性质	法向名义应力t_n/MPa	0~8
	第一切向名义应力t_s/MPa	0~8
	第二切向名义应力t_t/MPa	10~20
	法向能量释放率G_n^C/（N/m²）	10~20
	第一切向能量释放率G_s^C/（N/m²）	10~20
	第二切向能量释放率G_t^C/（N/m²）	10~20
隔层性质	法向名义应力t_n/MPa	100
	第一切向名义应力t_s/MPa	100
	第二切向名义应力t_t/MPa	500
	法向能量释放率G_n^C/（N/m²）	800
	第一切向能量释放率G_s^C/（N/m²）	500
	第二切向能量释放率G_t^C/（N/m²）	800
压裂液注入方案	压裂液黏度μ/（MPa·s）	1
	压裂液注入速率/（m³/s）	0.003~0.012
初始条件	孔隙压力/MPa	30.4
初始应力条件	水平最大主应力/MPa	35.4~48.4
	水平最小主应力/MPa	15
射孔参数	单簇裂缝射孔数	15
	射孔孔径/mm	8
	无量纲补偿系数	0.56

图 6-29 为不同簇间距下带隔层的致密储层暂堵压裂裂缝扩展形态，结果表明，由于多裂缝间扩展过程中干扰应力的影响，不同簇间距下裂缝扩展形态存在明显差异，尽管使用暂堵压裂措施，然而

并非所有裂缝均能均匀起裂和扩展。在均质致密储层中，一次暂堵措施过后，3 簇裂缝均可扩展延伸至储层深部，说明暂堵压裂措施可有效减小干扰应力的影响，增强裂缝扩展能力，有效增加储层改造体积。具体表现为，在第一次压裂阶段（未进行暂堵），压裂初期 3 簇裂缝均能起裂并沿储层最大主应力方向扩展，但随后仅有两侧裂缝能够向储层深部扩展，而中间裂缝因干扰应力的影响而受到抑制并停止扩展。观察 3 簇裂缝的压裂液分配情况，在压裂开始不久，中间裂缝便不再有压裂液进入，而所有压裂液平均分配进入两侧裂缝，这也是中间裂缝停止扩展的主要原因。在随后开始的暂堵压裂过程中，通过对两侧裂缝实施暂堵，所有压裂液进入中间裂缝，中间裂缝被重新激活并开始扩展，但随着簇间距的增加，中间裂缝的扩展形态明显变化。具体表现为随着簇间距的增加，两侧裂缝的扩展形态更加均匀，中间裂缝扩展至储层的深度越大，裂缝穿越隔层的概率越低。例如，当模型中簇间距设置为 40m 时［图 6-29（d）］，在第一次压裂阶段，3 簇裂缝同时起裂并均匀扩展至储层深部，在临时封堵后，中间裂缝持续扩展而两侧裂缝被暂堵停止扩展，导致最后模拟结果中中间裂缝长度明显大于两侧裂缝长度。此外，在该情况下，3 簇裂缝均未出现穿层的现象，这有利于提高裂缝扩展效率，增加储层改造体积。造成上述结果的主要原因是，随着簇间距的增加，多簇裂缝扩展过程中干扰应力的影响将减弱，特别是簇间距大于 40m 时，各簇裂缝间干扰应力的影响可以忽略不计，在该种簇间距设置下，使用暂堵压裂措施的意义不大。然而，在小簇间距下，各簇裂缝间的干扰则非常明显，且在暂堵压裂后，由于应力干扰的影响，暂堵裂缝在应力干扰区域内倾向于沿缝高方向扩展，水力裂缝存在极大穿越隔层的可能，这种现象可在簇间距为 10m 的模拟结果［图 6-29（a）］中观察到，即中间裂缝在压裂过程中快速穿越隔层，其缝高明显高于两侧裂缝。

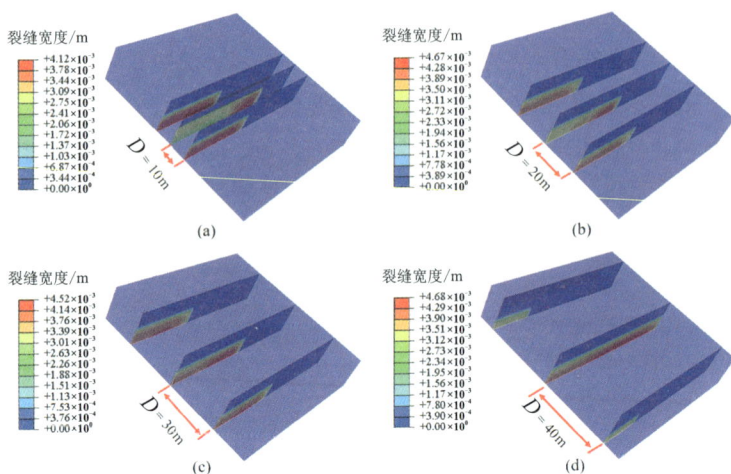

图6-29　不同簇间距下裂缝扩展形态

（a）$D = 10$m；（b）$D = 20$m；（c）$D = 30$m；（d）$D = 40$m

图 6-30 为压裂过程中不同簇间距下井底注入压力的变化曲线，数据显示，在第一段压裂，特别是当中心裂缝停止扩展时，井底注入压力与簇间距之间存在很强的相关性。在暂堵压裂后，随着簇间距的减小，井底注入压力逐渐升高，裂缝延伸及扩展需要更高的压力来维持。这也间接说明簇间距越大，干扰应力的影响越小，裂缝扩展至储层深部的阻力也就越小。具体地讲，当压裂簇间距降至 10m时，在第二段压裂初期井底注入压力显著增加，达到 19.74MPa，并在后续压裂过程中逐渐升高，这也说明随着压裂的进行，在小簇间距下各簇裂缝间扩展的干扰作用逐渐增强，表现为井底注入压力不断升高，裂缝扩展阻力明显增加。而当簇间距为 40m 时，由于暂堵压裂后压裂液的重新分布，井底注入压力相比第一段压裂有所降低，但暂堵后井底注入压力快速回升，并缓慢增加。其井底注入压力和第一段压裂过程中的井底注入压力差别不大，仅随压裂进程缓慢升高。这也证明了大簇间距下，各簇裂缝间的干扰较小，裂缝间扩展

也更加均匀。通常，较小的簇间距会导致更强的应力干扰，需要更高的井底注入压力来重新启动被抑制的裂缝，并在后续压裂过程中保持正常的增长。

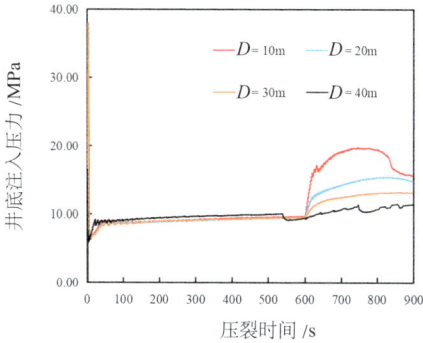

图6-30　不同簇间距下井底注入压力变化曲线

为了明确水力压裂过程中裂缝形态变化规律，本节继续对水力裂缝开口宽度（CMOD）进行分析，以明确不同应力干扰下裂缝扩展机制。如图 6-31 所示，裂缝开口宽度变化结果表明，随着簇间距的减小，各簇裂缝应力干扰效果明显增强，裂缝间的抑制作用也逐渐增加，甚至导致中心裂缝停止扩展。总的来说，CMOD 的值通常随着簇间距的增加而增加。此外，暂堵措施过后，所有压裂液都流入中间裂缝，由于应力干扰的影响，两侧裂缝开口趋于闭合，这进一步加强了应力干扰的影响。其具体变化规律为：在第二段压裂开始时（暂堵压裂措施过后），中间裂缝的 CMOD 迅速增加，水力裂缝被重新激活，压裂液开始进入中间裂缝，促使中间裂缝继续扩展。在裂缝扩展形态方面表现为，受抑制的中间裂缝在 TPSF 过程中恢复扩展并延伸至储层深部，除了簇间距为 40m 外，表现为簇间距越大，CMOD 越大。上述结果表明，当簇间距超过 40m 时，应力干扰对裂缝扩展的影响最小。

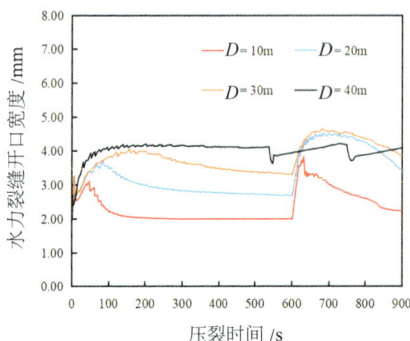

图6-31　不同簇间距下水力裂缝开口宽度变化曲线

　　裂缝扩展面积是评价储层改造效果的重要参数，图6-32为裂缝扩展面积在水力压裂过程中的变化规律。具体结果表明：随着水力压裂的进行，裂缝扩展面积逐渐增大，值得注意的是，裂缝扩展面积的差异主要出现在第二段水力压裂期间，即采用暂堵压裂措施过后。在第二段水力压裂过程中，簇间距为10m的裂缝扩展面积出现了明显增加，4种簇间距设置情况下水力裂缝扩展面积最大为$1.42\times10^3m^2$。结合图6-29所示的裂缝扩展形态结果分析，簇间距为10m的中间裂缝的高度比其他簇间距下裂缝高度要高，这是导致小簇间距下裂缝扩展面积异常增长的主要原因。结果表明，在多段压裂裂缝扩展过程中，受抑制裂缝倾向于在缝高方向扩展，而非在裂缝长度方向增加，在此种情况下，裂缝扩展面积的增加主要是裂缝在缝高方向增长引起的。在具有隔层的储层中，裂缝在缝高方向过度扩展会导致水力裂缝穿透隔层，储层改造效率降低。因此，在水平井暂堵压裂过程中，控制裂缝在高度方向的扩展非常必要，在其他条件不变的情况下，适当增加簇间距能明显降低穿层现象发生的概率。此外，当裂缝簇间距为40m时，应力干扰对裂缝的影响几乎可以忽略不计，表现为裂缝扩展面积稳定增长，增长曲线未出现较大波动。因此，合理地增加簇间距是增加储层改造体积较为有效的方法之一。

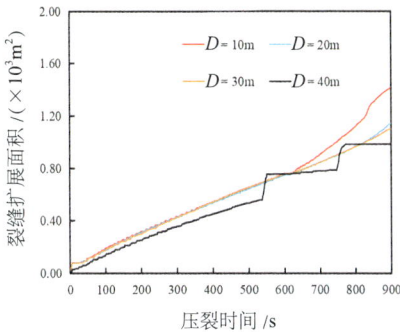

图6-32　不同簇间距下裂缝扩展面积变化曲线

6.4.2　不同压裂液注入速率下暂堵压裂缝网扩展形态

压裂液注入速率可明显影响水力裂缝扩展路径及几何形态，为明确压裂液注入速率影响裂缝扩展的相关机制，本节建立了 4 种不同压裂液注入速率下的水平井分段压裂裂缝扩展模型，其中压裂液注入速率在 $0.0003\sim0.0012\mathrm{m}^3/\mathrm{s}$ 范围变化，单个模型压裂液注入速率增量为 $0.0003\mathrm{m}^3/\mathrm{s}$，簇间距为 20m，SDC 为 0.286，BTS 为 8MPa，其他参数如表 6-3 所示。图 6-33 表明，通过多段暂堵压裂措施，各簇水力裂缝均能均衡扩展至储层深部。不同的是，在不同的压裂液注入速率下，各簇裂缝在裂缝高度方向及裂缝长度方向的扩展存在显著差异。具体表现为，随着压裂液注入速率的增加，裂缝倾向于在高度方向扩展而非在长度上的扩展。当压裂液注入速率达到 $0.0012\mathrm{m}^3/\mathrm{s}$ 时［图 6-33（d）］，各簇裂缝在长度方向上的扩展受到限制，而转为在高度方向上扩展，这种裂缝扩展状态会导致水力裂缝快速穿透隔层，储层改造效率下降。特别地，尽管隔层 BTS 达到8MPa，高压裂液注入速率下水力裂缝也能快速穿透隔层。此外，上述压裂模型中中间裂缝在压裂开始后受到抑制并停止扩展，在采取暂堵措施后被重新激活并开始扩展，在整个压裂过程中都受到强烈的抑制。在本章 6.4.1 小节中已经发现，当被抑制裂缝重新开始扩展时，其更倾向于在缝高方向扩展，这更增加了裂缝穿透隔层的可能。因此，工程实践中建议在压裂方案设计时采用较低的压裂液注入速率和较长的注入时间缓慢压裂储层，以使水力裂缝更有效地沿储层深部方向扩展，同时减小裂缝在缝高方向扩展及穿透隔层的可能性。

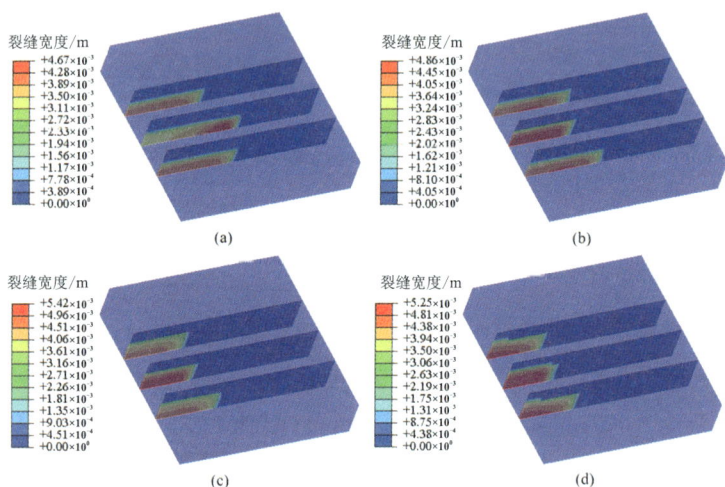

图6-33　不同压裂液注入速率下裂缝扩展形态

（a）注入速率为 0.0003m³/s；（b）注入速率为 0.0006m³/s；
（c）注入速率为 0.0009m³/s；（d）注入速率为 0.0012m³/s

为了定量评价压裂液注入速率的影响，设置不同的压裂液注入速率和注入时间，保证不同压裂模型中的压裂液注入体积一致。如图 6-34 所示，在第一段压裂过程中，较高的压裂液注入速率导致井底注入压力显著增加，这与前述 Haddad 和 Sepehrnoori 的模拟结果 [92] 一致。此外，无论是在第一段压裂还是采用暂堵技术后的第二段压裂，井底注入压力增长速度都会随着压裂液注入速率的增加而迅速增加。不同的是,临时封堵后,由于被抑制裂缝被重新激活,可以明显观察到井底注入压力呈台阶式增加。与第一段压裂相比,当压裂液注入速率为 0.0003m³/s 时,暂堵压裂后,井底注入压力最大增量为 5.92MPa;而当压裂液注入速率为 0.0012m³/s 时,井底注入压力最大增量为 11.18MPa。结果表明,在第二段压裂过程中,当压裂液注入速率较高时,被抑制裂缝的扩展需要更大的延伸扩展压力。被抑制中间裂缝的裂缝开口宽度变化结果表明(图 6-35),在第一段压裂初期,中间裂缝很容易被打开并沿最大主应力方向扩展,但在后续压裂过程中,裂缝开口宽度迅速下降,裂缝开口闭合并停止扩展。

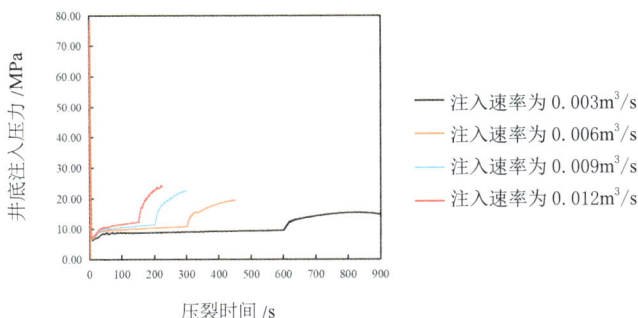

图6-34　不同压裂液注入速率下井底注入压力变化曲线

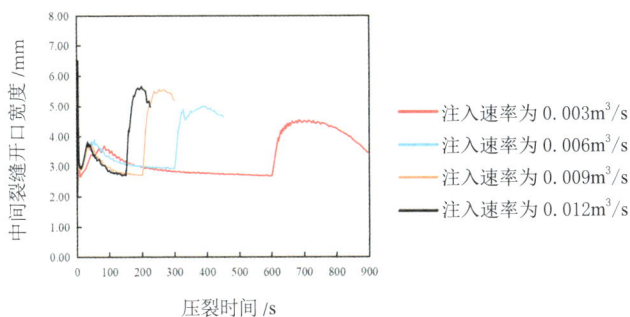

图6-35　不同压裂液注入速率下中间裂缝开口宽度

　　这一现象说明被抑制的中间裂缝的扩展形态很大程度由应力干扰强度所决定，在第一段压裂过程中，由于应力干扰，几乎所有压裂液均进入了侧向裂缝。而暂堵压裂过后，两侧裂缝被暂堵剂堵塞，压裂液进入被抑制中间裂缝，裂缝开始打开，裂缝开口宽度逐渐增加。具体地，当压裂液注入速率为 0.0012m³/s 时，其最大值可达 6.51mm，比压裂液注入速率为 0.0003m³/s 时大 2.00mm。此外，在第二段压裂中，更高的压裂液注入速率可以使 CMOD 下降得更快。

　　如图 6-36 所示，随着压裂的进行，水力裂缝扩展面积呈现快速增长的趋势。值得注意的是，压裂液注入速率越高，水力裂缝扩展面积增加速度越快。不同的是，在相同的压裂液注入体积下，较低的压裂液注入速率需要更长的压裂时间，裂缝扩展面积也会更大。因此，当压裂液注入速率为 0.0003m³/s 时，最大裂缝扩展面积为 $1.146\times10^3\text{m}^2$。这主要是因为较低的压裂液注入速率降低了多条裂缝间干扰应力的影响，减小了裂缝扩展的阻力，在相同压裂液注入体积下储层改造效率升高。因此，在现场应用中，建议采用较低的压裂液注入速率来增强裂缝扩展能力，使储层改造体积最大化。

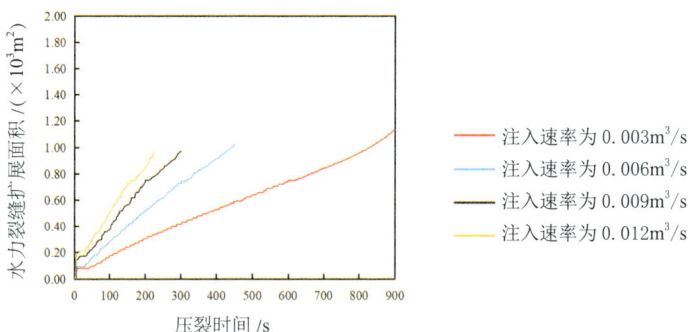

图6-36　不同压裂液注入速率下水力裂缝扩展面积

6.4.3　不同水平应力差异系数下暂堵压裂缝网扩展形态

储层水平应力状态是影响多裂缝扩展的重要因素，一般情况下水力裂缝从井底起裂过后便会沿最小阻力方向扩展，但在多簇裂缝同时扩展时由于干扰应力的影响，储层应力状态会发生改变，其原始地应力方向也会发生偏转。本节采用水平应力差异系数来描述应力状态对裂缝扩展形态的影响（图 6-37），而水平应力差异系数（SDC）定义为水平应力差与水平最大主应力的比值。为定量研究水平应力差异系数对裂缝扩展的影响，在 4 组模型中均设定水平应力差为 2MPa，通过改变水平最大和最小主应力的值来研究水平应力差异系数对裂缝扩展形态的影响。数值模拟结果表明，随着 SDC 的变化，多条水力裂缝同时扩展时裂缝形态发生明显改变，具体表现为 SDC 越小，裂缝扩展阻力越大，多条裂缝扩展至储层深部的难度也就越大，随之带来的就是储层改造体积的减少。

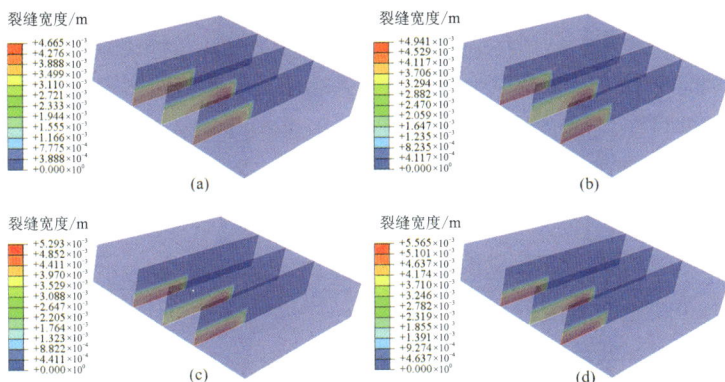

图6-37　不同水平应力差异系数下裂缝扩展形态

（a）SDC = 0.286；（b）SDC = 0.222；（c）SDC = 0.181；（d）SDC = 0.154

从图 6-38 中可以看出，不同 SDC 可显著影响压裂过程中井底注入压力，即随着 SDC 的减小，井底注入压力明显升高。造成这种现象的主要原因为 SDC 变化时，水平最小主应力的大小也会发生变化，导致井底注入压力也发生改变。在压裂第一阶段，井底注入压力在压裂初期便达到一个稳定值，不同 SDC 下压力差异几乎可以等效为水平最小主应力间的差异。然而，在暂堵压裂措施后，由于压裂液几乎全部转向被抑制的中间裂缝，井底注入压力在不同 SDC 模型中均有了较大的增加，并随压裂进程缓慢增加，这也表明随着压裂进行，各簇裂缝间的干扰逐渐增强，裂缝扩展的阻力也逐渐增加。此外，当 SDC 减小时，相应的水平最小主应力增大，井底注入压力也显著增加。而图 6-39 为中间裂缝开口宽度在整个压裂过程中的变化规律，结果表明中间裂缝对 SDC 的变化较为敏感，在压裂过程的初始阶段，中间裂缝较早打开，但由于两侧裂缝的应力干扰会迅速闭合。随着 SDC 的减小，不同模型中裂缝开口宽度逐渐变大，这表明，压裂过程中更多的能量会消耗在使裂缝张开而非在裂缝长度的增长上。暂堵压裂措施过后，裂缝开口宽度比第一段压裂过程增长更快，进一步验证了暂堵压裂阶段水力裂缝扩展需要克服更大的干扰应力。然而，在第二段压裂后期，裂缝开口宽度会逐渐下降。这种现象的发生主要是由于中间裂缝尖端已扩展超出两侧裂缝的应力干扰区域，扩展阻力逐渐减小，致使裂缝开口宽度逐渐下降。这也

与图 6-38 中第二段压裂后期井底注入压力下降相对应。综上所述，随着 SDC 的减小，中间裂缝的裂缝开口宽度显著增加，表明在这种情况下，裂缝扩展所遇到的阻力更大，裂缝向储层深部延伸的难度增加，储层改造效率降低。

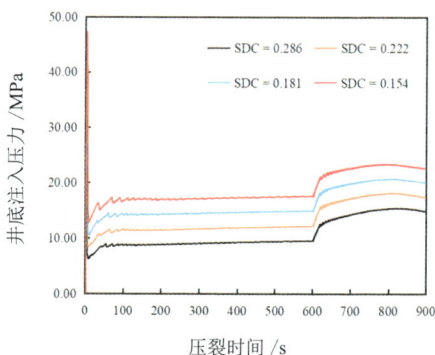

图6-38　不同SDC下井底注入压力变化曲线

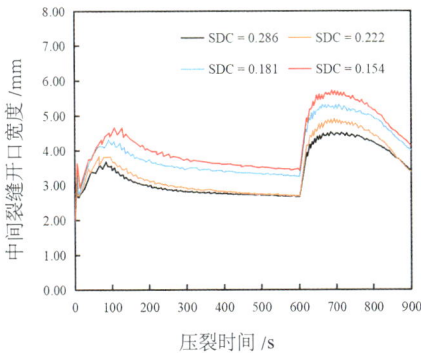

图6-39　不同SDC下中间裂缝开口宽度变化曲线

为了明确 SDC 对储层改造效果的影响，图 6-40 展示了不同 SDC 下裂缝扩展面积的变化规律。结果表明，随着压裂的进行，裂缝扩展面积呈不断增加的趋势。具体表现为，SDC 越大，裂缝扩展及延伸能力越强，相应的储层改造体积也就越大。此外，在相同水平应力差情况下，水平最小主应力的减小会加剧这种效应，这也说明了储层水平最小主应力的大小直接决定了水力裂缝起裂及扩展阻力，也是压裂方案设计中需要考虑的重要参数。例如，当 SDC 为 0.286 时，水力裂缝改造最终面积增加到 $1.146×10^3 m^2$，而当 SDC 降至 0.154 时，裂缝扩展面积只能达到 $0.68×10^3 m^2$，储层改造效率差距明显。在水平应力差相同的情况下，随着 SDC 的增加，水力裂缝扩展能力不断增加，穿越隔层的概率也会降低。此外，当 SDC 较小时，深层储层中的裂缝可能会遇到更大的扩展阻力，导致裂缝形态短而宽，甚至更多地在裂缝高度上扩展，这是水力裂缝参数设计中不愿看到的。因此，在现场水力压裂实践中，即使采用临时封堵技术也可以激活被抑制的裂缝，实现多裂缝间的均衡扩展，在选择压裂目标储层时，建议选用 SDC 较大的储层进行压裂。

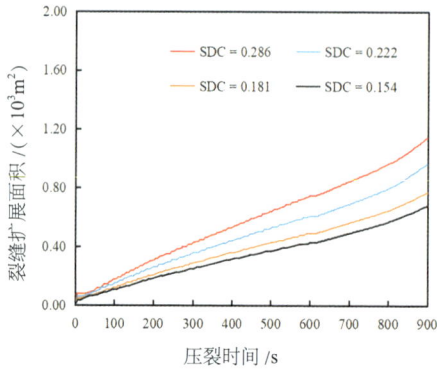

图6-40　不同SDC下裂缝扩展面积变化曲线

6.4.4　不同隔层抗拉强度下暂堵压裂裂缝扩展形态

在带隔层的致密储层中，隔层的物理力学性质可明显改变水力裂缝在缝高方向的扩展形态，其中隔层的抗拉强度（BTS）是需要着重关注的参数之一。本节研究建立了4种隔层抗拉强度的水力压裂多裂缝扩展模型，以明确不同BTS对裂缝扩展的影响机制。数值模拟结果如图6-41所示，不同BTS下裂缝扩展形态存在明显差异，其中BTS的变化范围为0~6 MPa，增量为2MPa，压裂液注入速率为0.0003m³/s，簇间距为20m，SDC为0.286，其他参数如表6-3所示。结果表明，BTS在影响裂缝穿透隔层及其缝高大小方面起着至关重要的作用。具体来说，当BTS较低时，水力裂缝在与隔层相遇后不会打开隔层，而是快速穿过隔层，且裂缝高度持续扩展。从图6-41（a）可以看出，当BTS为0MPa时，两侧裂缝和中间裂缝都可以很容易地穿过隔层，在4种模拟结果中裂缝高度是最大的，这也表明BTS低的储层在裂缝缝高控制方面存在较大的挑战。但随着BTS的增加，裂缝穿过隔层的难度也越大。此外，随着BTS的增加，被抑制裂缝在重新激活后更倾向于在缝高方向上扩展，比如当 BTS 增加到 2MPa 时，中间裂缝比两侧裂缝在缝高方向的扩展更明显。造成这种现象的主要原因是临时封堵措施过后，井底注入压力持续增加。如图 6-41（c）、（d）所示，当 BTS 为 4~6 MPa 时，水力裂缝遇到隔层后在缝高方向停止扩展，仅在储层深度方向上扩展，此时再增加 BTS，裂缝形态也基本保持不变。这种现象表明，BTS 对裂缝几何形态的影响主要体现在裂缝遇到隔层时是否穿越隔层，而对具体裂缝形态影响甚微。因此，当 BTS 较低时，应更加重视水力裂缝在高度方向上的扩展，并持续降低裂缝穿越隔层效应的影响。

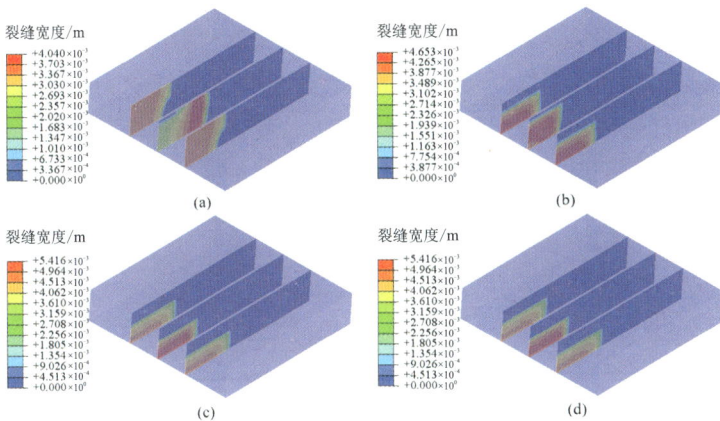

图6-41　不同隔层抗拉强度下裂缝扩展形态

（a）BTS = 0MPa；（b）BTS = 2MPa；（c）BTS = 4MPa；（d）BTS = 6MPa

图 6-42 所示为不同 BTS 对井底注入压力影响的变化曲线。在第一压裂阶段，当 BTS 超过 2MPa 时，所有模型井底注入压力变化曲线几乎重合，这主要是由于在这一阶段，所有裂缝都无法穿透隔层。而仅有 BTS 为 0MPa 的井底注入压力低于其他模型，结合裂缝扩展形态（图 6-41）可以看出，此 BTS 下水力裂缝与隔层相遇后便快速穿过，裂缝扩展阻力几乎不变，延伸扩展压力维持在一个稳定值，具体表现为井底注入压力在裂缝起裂后几乎为一条平直线。而其余

模型井底注入压力曲线在第一段压裂后期有缓慢增长，这说明水力裂缝与隔层相遇后在无法穿透隔层的情况下，裂缝扩展阻力会升高，具体表现为压裂井底注入压力的升高。在暂堵压裂措施过后，各模型中井底注入压力均会显著提高，不同的是，在 BTS 为 2MPa 下观察到的井底注入压力低于 BTS 为 4MPa 和 6MPa 的模型。结合图 6-41 中的裂缝扩展形态可知，当 BTS 不同时，裂缝是否穿过隔层对井底注入压力的影响最大，当 BTS 较低时，裂缝更容易穿过隔层，且一旦裂缝穿过隔层，井底注入压力就会有所降低。通过裂缝开口宽度的变化趋势可以明确压裂过程中裂缝的损伤演化规律，如图 6-43 所示。在第一段压裂初期，中间裂缝开口宽度明显增加，并在压裂后期逐渐降低至裂缝的初始宽度，这表明由于应力干扰的影响，中间裂缝在压裂后期受到强烈抑制，裂缝开口逐渐闭合，并停止扩展。在采用暂堵措施过后，中间裂缝被重新激活，裂缝开口逐渐打开。一般来说，当 BTS 小于 6MPa 时，随着 BTS 的增加，被抑制中间裂缝开口宽度也逐渐增加，但当裂缝无法穿过隔层时，裂缝的几何形态受到的影响最小。

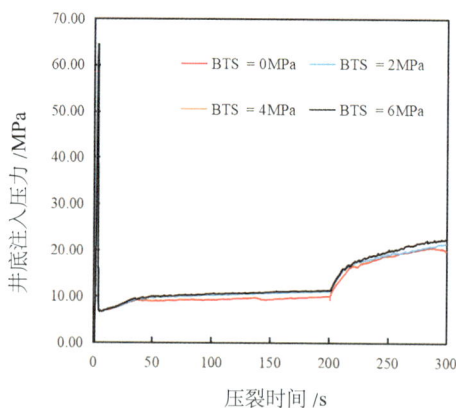

图6-42 不同BTS下井底注入压力变化曲线

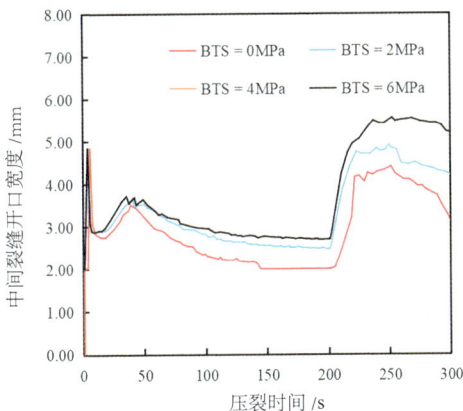

图6-43　不同BTS下中间裂缝开口宽度变化曲线

　　如图 6-44 所示为压裂过程中不同 BTS 下裂缝扩展面积变化趋势，结果表明，随着裂缝向储层深处延伸，总裂缝面积迅速增加。通常，当 BTS 为 0MPa 时，裂缝扩展面积最大，其增长的主要来源为缝高方向的增长，此种情况下裂缝扩展面积可达 $1.72×10^3m^2$。但在工程实践中，并不愿意看到过多裂缝穿层现象出现，因此在此种情况下不单要考虑裂缝扩展面积的大小，还应该着重关注裂缝在高度方向上的扩展。随着 BTS 从 0MPa 增加到 2MPa，裂缝扩展面积迅速减小，仅在压裂第一阶段就产生了 $0.75×10^3m^2$ 的显著差异。当 BTS ≥ 2MPa 时，裂缝扩展面积变化趋势基本保持不变，当 BTS ≥ 4MPa 时，裂缝扩展面积变化曲线趋于重叠。这一现象表明，裂缝扩展面积增长主要取决于水力裂缝与隔层间的相互作用形态，即水力裂缝是否穿过隔层。综上所述，BTS 越低，裂缝越容易穿透隔层，穿层后裂缝扩展阻力降低，裂缝扩展面积快速增长，但裂缝扩展面积增长主要来自缝高方向的扩展。此外，BTS 越低，裂缝高度控制难度越大，导致裂缝长度减小，开发效率降低。

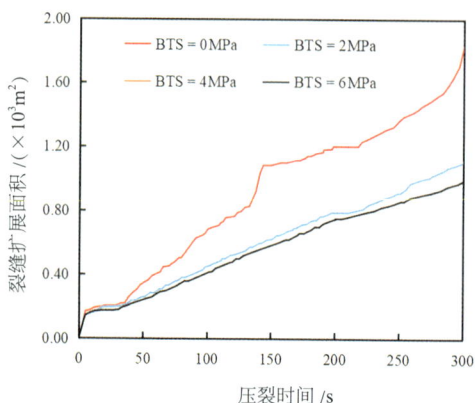

图6-44　不同BTS下的裂缝扩展面积变化曲线

6.5　本章小结

本章建立了页岩储层水平井暂堵压裂缝网扩展流-固耦合模型。基于有限元黏聚力模型，采用全局插入的方式，将0厚度黏聚力单元插入整个模型，实现了水力裂缝任意路径的扩展及与天然裂缝相互作用的模拟。为实现具有隔层的致密储层暂堵压裂多裂缝扩展及复杂非连续性储层缝网扩展中暂堵问题的模拟，在ABAQUS基础上新构建了考虑射孔参数的自定义射孔单元。同时，将新建立的模型与解析解进行对比，证明了模型模拟水力压裂问题的准确性。对页岩缝网形成规律及致密储层暂堵压裂多裂缝扩展进行分析，可得出以下结论：

（1）水平井暂堵压裂减轻多裂缝间干扰应力的影响并重新激活被抑制裂缝，使其形成均一扩展的裂缝网络系统。通过不同段注入暂堵剂，压裂裂缝按顺序被激活，实现依次均匀扩展。

（2）水平井暂堵压裂中，射孔簇间距能够明显改变裂缝网络扩展形态。为了降低各簇裂缝间应力干扰的影响，最大限度地增加储层改造体积，增加簇间距是一种有效的方法。当簇间距增大时，应力干扰减小，裂缝簇更能有效地向储层深部扩展，而非在缝高方向延伸。同时，多条裂缝扩展均匀，簇间距越大，应力干扰的影响也就越小。当簇间距为 40m 时，各簇裂缝间的应力干扰已经很小，缝网扩展也较为均衡。

（3）水平应力差是控制缝网扩展形态的主要因素。大水平应力差下，各簇裂缝倾向于穿过天然裂缝，且缝间干扰减弱，容易形成垂直于水平最小主应力的笔直裂缝，缝网形态趋于简单，裂缝扩展路径单一。当水平应力差大于 6MPa 时，增大储层水平应力差，对裂缝网络形态的影响已经较小。SDC 越大，裂缝扩展阻力越小，导致裂缝扩展延伸的面积越大。因此，建议优选 SDC 较大的目标储层进行压裂作业。

（4）增加射孔簇数，各簇裂缝间的应力干扰会增强。各簇裂缝扩展会发生明显偏转或者相互逼近并连通扩展。这种情况下，裂缝会出现过度闭合，在近井地带形成复杂缝网，难以延伸至地层深部，缝网有效体积降低。

（5）较高的压裂液注入速率会导致较高的井底注入压力，这很容易重新激活被抑制的中间裂缝，但同时也会增加裂缝穿透的风险。

（6）当 BTS 较低时，裂缝更容易穿透隔层，导致裂缝高度过度扩展，裂缝穿透隔层的概率降低，储层的有效改造体积降低。

第7章 结论与展望

本书针对不同储层条件，对不同水力压裂增加储层改造体积人工控制方法做了相应的数值模拟研究，基于新构建模型和方法对水力裂缝网络扩展机理进行了模拟和分析，获得了一些认识和规律。水力裂缝网络扩展是一个耦合了多种因素的复杂力学问题，针对该问题，本书做了一些相应的初步研究工作。本章对全书研究内容做了相应的总结，并对本书中尚未解决的问题进行了展望。

7.1 结论

本书得出的主要结论如下：

（1）基于扩展有限元重复压裂流 - 固耦合模型，对直井重复压裂裂缝扩展规律进行了全面分析，明确了初次裂缝对原始地应力场的显著影响，并对影响重复压裂裂缝扩展的因素进行了敏感性分析，得出了以下结论：①水平应力差增大可引起二次裂缝快速转向，降低延伸效率。②高射孔方位角和大射孔深度可增大裂缝偏转角，促进裂缝向储层深部扩展。③使用高黏度压裂液和高压裂液注入速率进行压裂可延长裂缝转向时间，形成弯曲裂缝。④远场重复压裂时，起裂位置越靠近井筒，裂缝弯曲程度越大，缝间干扰越强。

（2）针对水平井分段压裂方案优选问题，基于扩展有限元法和黏聚力模型建立了三维水平井分段压裂裂缝扩展流 - 固耦合模型。在低射孔簇间距下，对 5 种压裂方式裂缝扩展形态进行模拟，得出以下结论：①小簇间距（如 10m）下，缝间应力干扰增强，裂缝形态短而宽，增大簇间距可缓解应力干扰，提升有效裂缝长度。②选择性顺序压裂和两步法压裂在小簇间距下可形成长而窄的平面裂缝，显著提升有效裂缝长度。③同步压裂会抑制中间裂缝扩展，导致支撑剂嵌入过度，后续压裂液注入困难。

（3）基于带孔压节点的黏聚力单元模型，建立了天然裂缝发育储层的水力压裂裂缝扩展流-固耦合模型。模拟了多簇裂缝扩展时缝网形成过程，在不同地质参数及人工控制参数下，得出了不同条件下裂缝扩展规律：①水平应力差大于 8MPa 时，裂缝仅沿水平最大主应力方向扩展，且穿透天然裂缝概率升高，更易形成简单缝网。②使用高黏度压裂液和高压裂液注入速率压裂会增加缝内压力，虽然有利于主裂缝形成，但会一定程度降低缝网长度，因此工程中建议使用变速率及变黏度压裂方案。③小簇间距（30m）下多簇裂缝相互干扰严重，缝网改造体积降低，但簇间距大于 60m 时应力干扰的影响可忽略。

（4）针对页岩储层水平井暂堵方案设计，建立了页岩储层水平井暂堵压裂缝网扩展流-固耦合模型，实现了具有隔层的致密储层暂堵压裂多裂缝扩展及复杂非连续性储层缝网扩展中暂堵问题的模拟，对暂堵压裂过程中缝网扩展规律进行了分析，得出以下结论：①暂堵压裂可释放缝间压制，形成均衡缝网，且分段注入可顺序激活被抑制裂缝。②簇间距大于 40m 时，缝间干扰应力的影响显著降低。③水平应力差大于 6MPa 时，裂缝扩展形态趋于单一，穿过隔层的概率降低，储层有效改造体积增加。④增加射孔簇数虽可有效增加裂缝长度，但低间距下多射孔簇设置会加剧应力干扰的影响，致使近井地带缝网复杂程度增加，裂缝无法扩展至储层深部。

7.2　展望

尽管本书在水力压裂增加储层改造人工控制方法的数值研究上

取得了一些结果，但仍存在以下问题值得进一步探索。

（1）对重复压裂裂缝扩展模型，还有以下几个问题需要解决：①重复压裂储层往往是非均质不连续储层，含有大量砾石或者不连续胶结，因此不连续储层重复压裂裂缝扩展形态的路径极其复杂，需要做进一步研究。②在生产过程中，重复压裂储层孔隙压力会逐渐降低，这个过程中储层应力条件也会明显改变，后续研究中需着重考虑初次压裂后储层应力条件的改变。

（2）对于致密储层水平井分段压裂模型，以下几个问题尚待解决：①由于多簇裂缝同时扩展过程中，裂缝缝间应力干扰，储层各裂缝簇会出现不同程度的闭合，对缝内支撑剂支撑及压裂液流动具有较大的影响，所以引入不同强度支撑剂模型及压裂液流动模型很有必要。②水力裂缝缝间应力干扰不仅使裂缝在水平方向发生偏转，在垂直方向也有不同程度的偏转。因此有必要建立储层厚度的压裂模型，但这又会导致计算成本激增。所以需要构建新的模型以适应多核并行运算，缩短计算时间，提高计算效率。

（3）对于天然裂缝发育储层模拟，以下问题需要着重关注：天然裂缝发育储层由于天然裂缝发育，储层非均质性极强，在储层三维尺度上扩展随意性极高。所以需要构建三维的天然裂缝储层缝网扩展模型，同时对算法进行改进。

（4）对于考虑压裂液流量分配的页岩缝网扩展模拟，存在以下问题尚待解决：①射孔簇间距和簇数是控制缝网扩展的主要参数，因此后期模型应该建立更完善的研究机制，定量表达两个参数对缝网扩展效果的影响，以指导现场实际。②缝网内部流体流动模型及裂缝网络中水力裂缝与天然裂缝相交时的裂缝流动机理需要进一步考虑。

参考文献

[1]胡文瑞,鲍敬伟,胡滨.全球油气勘探进展与趋势[J].石油勘探与开发,2013,40(4):409-413.

[2]郑民,李建忠,吴晓智,等.我国常规与非常规天然气资源潜力、重点领域与勘探方向[J].天然气地球科学,2018,29(10):1383-1397.

[3]李晓峰,张矿生,卜向前,等.老井重复压裂效果评价[J].石油地球物理勘探,2018,53(S2):162-167,13-14.

[4]李彦超,何昀宾,肖剑锋,等.页岩气水平井重复压裂层段优选与效果评估[J].天然气工业,2018,38(7):59-64.

[5]庞正炼,邹才能,陶士振,等.中国致密油形成分布与资源潜力评价[J].中国工程科学,2012,14(7):60-67.

[6]康玉柱.中国非常规油气勘探重大进展和资源潜力[J].石油科技论坛,2018,37(4):1-7.

[7]柳占立,庄茁,孟庆国,等.页岩气高效开采的力学问题与挑战[J].力学学报,2017,49(3):507-516.

[8]付玉坤,喻成刚,尹强,等.国内外页岩气水平井分段压裂工具发展现状与趋势[J].石油钻采工艺,2017,39(4):514-520.

[9]SIEBRITS E, ELBEL J L, HOOVER R S, et al. Refracture reorientation enhances gas production in Barnett Shale tight gas wells [C]// SPE Annual Technical Conference and Exhibition October 1-4, 2000, Dallas, Texas. Society of Petroleum Engineers, 2000:7.

[10]BRUNO M S, NAKAGAWA F M. Pore pressure influence

on tensile fracture propagation in sedimentary rock [J]. International Journal of Rock Mechanics and Mining Sciences & Geomechanics Abstracts, 1991, 28(4):261-273.

[11]ATHAVALE A S, MISKIMINS J L. Laboratory hydraulic fracturing tests on small homogeneous and laminated blocks [C]// The 42nd U. S. Rock Mechanics Symposium (USRMS), June 29-July 2, 2008, San Francisco, California. American Rock Mechanics Association, 2008:9.

[12]陈勉,庞飞,金衍.大尺寸真三轴水力压裂模拟与分析[J].岩石力学与工程学报,2000(S1):868-872.

[13]VAN DE KETTERIJ R G, DE PATER C J. Experimental study on the impact of perforations on hydraulic fracture tortuosity [C]// SPE European Formation Damage Conference, The Hague, Netherlands. Society of Petroleum Engineers, 1997:9.

[14]ELBEL J L, MACK M G. Refracturing: observations and theories [C]// SPE Production Operations Symposium, Oklahoma City, Oklahoma. Society of Petroleum Engineers, 1993:11.

[15]WRIGHT C A, CONANT R A, STEWART D W, et al. Reorientation of propped refracture treatments [C]// Rock Mechanics in Petroleum Engineering, Delft, Netherlands. Society of Petroleum Engineers, 1994:8.

[16]卜向前,周大伟,李向平,等.地应力改变对水力裂缝扩展的模拟实验研究[J].科学技术与工程,2015,15(35):24-28.

[17]ZHAO B, ZHANG G Q, LIN Q. The application of cryogenic treatment during refracture process-laboratory studies [C]// 50th U. S. Rock Mechanics/Geomechanics Symposium,

Houston, Texas. American Rock Mechanics Association, 2016:9.

[18]ZHANG R X, HOU B, SHAN Q L, et al. Experimental investigation on re-fracture reorientation from cased and perforated horizontal well in tight formation [C]// ISRM International Symposium-10th Asian Rock Mechanics Symposium, Singapore. International Society for Rock Mechanics and Rock Engineering/Society for Rock Mechanics and Engineering Geology, 2018:7.

[19]LAMONT N, JESSEN F W. The effects of existing fractures in rocks on the extension of hydraulic fractures [J]. Journal of Petroleum Technology, 1963, 15(2):203-209.

[20]DANESHY A A. Hydraulic fracture propagation in the presence of planes of weakness [C]// SPE European Spring Meeting, Amsterdam, Netherlands. Society of Petroleum Engineers, 1974:8.

[21]BLANTON T L. An experimental study of interaction between hydraulically induced and pre-existing fractures [C]// SPE Unconventional Gas Recovery Symposium, Pittsburgh, Pennsylvania. Society of Petroleum Engineers, 1982:13.

[22]WARPINSKI N R, TEUFEL L W. Influence of geologic discontinuities on hydraulic fracture propagation (includes associated papers 17011 and 17074) [J]. Journal of Petroleum Technology, 1987, 39(2):209-220.

[23]BEUGELSDIJK L J L, DE PATER C J, SATO K. Experimental hydraulic fracture propagation in a multi-fractured medium [C]// SPE Asia Pacific Conference on Integrated Modelling for Asset Management, Yokohama, Japan. Society

of Petroleum Engineers, 2000:8.

[24]CASAS L, MISKIMINS J L, BLACK A, et al. Laboratory hydraulic fracturing test on a rock with artificial discontinuities [C]// SPE Annual Technical Conference and Exhibition, San Antonio, Texas, USA. Society of Petroleum Engineers, 2006:9.

[25]ZHOU J, JIN Y, CHEN M. Experimental investigation of hydraulic fracturing in random naturally fractured blocks [J]. International Journal of Rock Mechanics and Mining Sciences, 2010, 47(7):1193-1199.

[26]GUO T K, ZHANG S C, QU Z Q, et al. Experimental study of hydraulic fracturing for shale by stimulated reservoir volume [J]. Fuel, 2014, 128:373-380.

[27]HENG S, LIU X, LI X Z, et al. Experimental and numerical study on the non-planar propagation of hydraulic fractures in shale [J]. Journal of Petroleum Science and Engineering, 2019, 179:410-426.

[28]ZOU Y S, ZHANG S C, ZHOU T, et al. Experimental investigation into hydraulic fracture network propagation in gas shales using CT scanning technology [J]. Rock Mechanics and Rock Engineering, 2015, 49(1):33-45.

[29]TAN P, JIN Y, HAN K, et al. Analysis of hydraulic fracture initiation and vertical propagation behavior in laminated shale formation [J]. Fuel, 2017, 206:482-493.

[30]GEERTSMA J, DE KLERK F. A rapid method of predicting width and extent of hydraulically induced fractures [J]. Journal of Petroleum Technology, 1969, 21(12):1571-1581.

[31]PERKINS T K, KERN L R. Widths of hydraulic fractures

[J]. Journal of Petroleum Technology, 1961, 13(9):937-949.

[32]NORDGREN R P. Propagation of a vertical hydraulic fracture [J]. Society of Petroleum Engineers Journal, 1972, 12(4):306-314.

[33]DANESHY A A. On the design of vertical hydraulic fractures [J]. Journal of Petroleum Technology, 1973, 25(1):83-97.

[34]DANESHY A A. Numerical solution of sand transport in hydraulic fracturing [J]. Journal of Petroleum Technology, 1978, 30(1):132-140.

[35]GEERTSMA J, HAAFKENS R. A comparison of the theories for predicting width and extent of vertical hydraulically induced fractures [J]. Journal of Energy Resources Technology, 1979, 101(1):8-19.

[36]CUNDALL P A, STRACK O D L. A discrete numerical model for granular assemblies [J]. Géotechnique, 1979, 29(1):47-65.

[37]POTYONDY D O, CUNDALL P A. A bonded-particle model for rock [J]. International Journal of Rock Mechanics and Mining Sciences, 2004, 41(8):1329-1364.

[38]CUNDALL P A. A computer model for simulating progressive, large-scale movements in blocky rock systems [C]// Proceedings of the Symposium of the International Symposium on Rock Mechanics, Nancy, France. International Society for Rock Mechanics and Rock Engineering, 1971:11-18.

[39]CUNDALL P A. A discontinuous future for numerical modelling in geomechanics? [J]. Proceedings of the Institution of Civil Engineers-Geotechnical Engineering, 2001,

149(1):41-47.

[40]HARPER T R, LAST N C. Interpretation by numerical modelling of changes of fracture system hydraulic conductivity induced by fluid injection [J]. Géotechnique, 1989, 39(1):1-11.

[41]ZHANG X, JEFFREY R G. The role of friction and secondary flaws on deflection and re-initiation of hydraulic fractures at orthogonal pre-existing fractures [J]. Geophysical Journal International, 2006, 166(3):1454-1465.

[42]ZANGENEH N, EBERHARDT E, BUSTIN R M. Investigation of the influence of natural fractures and in situ stress on hydraulic fracture propagation using a distinct-element approach [J]. Canadian Geotechnical Journal, 2015, 52(7):926-946.

[43]HAMIDI F, MORTAZAVI A. A new three dimensional approach to numerically model hydraulic fracturing process [J]. Journal of Petroleum Science and Engineering, 2014, 124:451-467.

[44]NAGEL N B, SANCHEZ-NAGEL M A, ZHANG F, et al. Coupled numerical evaluations of the geomechanical interactions between a hydraulic fracture stimulation and a natural fracture system in shale formations [J]. Rock Mechanics and Rock Engineering, 2013, 46(3):581-609.

[45]AL-BUSAIDI A, HAZZARD J F, YOUNG R P. Distinct element modeling of hydraulically fractured Lac du Bonnet granite [J]. Journal of Geophysical Research: Solid Earth, 2005, 110(B6):B06302.

[46]ESHIET K I, SHENG Y, YE J. Microscopic modelling of

the hydraulic fracturing process [J]. Environmental Earth Sciences, 2013, 68(4):1169-1186.

[47]HOFMANN H, BABADAGLI T, ZIMMERMANN G. Numerical simulation of complex fracture network development by hydraulic fracturing in naturally fractured ultratight formations [J]. Journal of Energy Resources Technology, 2014, 136(4):042905.

[48]WANG S X. Fundamental studies of the deformability and strength of jointed rock masses at three dimensional level [J]. [s. n.], 1992.

[49]CAPPA F. Coupled hydromechanical processes in heterogeneous fracture networks-field characterization and numerical simulations [J]. University of Nice-sophia Antipolis, 2005.

[50]DE PATER C J, BEUGELSDIJK L J L. Experiments and numerical simulation of hydraulic fracturing in naturally fractured rock [C]// Alaska Rocks 2005, The 40th U. S. Symposium on Rock Mechanics (USRMS), Anchorage, Alaska. American Rock Mechanics Association, 2005:12.

[51]DAMJANAC B, DETOURNAY C, CUNDALL P A, et al. Three-dimensional numerical model of hydraulic fracturing in fractured rock masses [C]// ISRM International Conference for Effective and Sustainable Hydraulic Fracturing, May 20-22, 2013, Brisbane, Australia. International Society for Rock Mechanics and Rock Engineering, 2013:12.

[52]DAMJANAC B, GIL I, PIERCE M, et al. A new approach to hydraulic fracturing modeling in naturally fractured reservoirs [C]// 44th U. S. Rock Mechanics Symposium and 5th U. S. -Canada Rock Mechanics Symposium, June 27-30, 2010, Salt

Lake City, Utah. American Rock Mechanics Association, 2010:7.

[53]RIAHI A, DAMJANAC B. Numerical study of interaction between hydraulic fracture and discrete fracture network [C]// Proceedings of the ISRM International Conference for Effective and Sustainable Hydraulic Fracturing, May 20-22, 2013, Brisbane, Australia. International Society for Rock Mechanics, 2013.

[54]NASEHI M J, MORTAZAVI A. Effects of in-situ stress regime and intact rock strength parameters on the hydraulic fracturing [J]. Journal of Petroleum Science and Engineering, 2013, 108:211-221.

[55]SHIMIZU H, MURATA S, ISHIDA T. The distinct element analysis for hydraulic fracturing in hard rock considering fluid viscosity and particle size distribution [J]. International Journal of Rock Mechanics and Mining Sciences, 2011, 48(5):712-727.

[56]ZHANG S C, LEI X, ZHOU Y S, et al. Numerical simulation of hydraulic fracture propagation in tight oil reservoirs by volumetric fracturing [J]. Petroleum Science, 2015, 12(4):674-682.

[57]ZOU Y S, MA X F, ZHANG S C, et al. Numerical investigation into the influence of bedding plane on hydraulic fracture network propagation in shale formations [J]. Rock Mechanics and Rock Engineering, 2016, 49(9):3597-3614.

[58]ZOU Y S, ZHANG S C, MA X F, et al. Numerical investigation of hydraulic fracture network propagation in naturally fractured shale formations [J]. Journal of Structural

Geology, 2016, 84:1-13.

[59]GEROLYMATOU E, GALINDO-TORRES S A, TRIANTAFYLLIDIS T. Numerical investigation of the effect of preexisting discontinuities on hydraulic stimulation [J]. Computers and Geotechnics, 2015, 69:320-328.

[60]ZEEB C, KONIETZKY H. Simulating the hydraulic stimulation of multiple fractures in an anisotropic stress field applying the discrete element method [J]. Energy Procedia, 2015, 76:264-272.

[61]WASANTHA P L P, KONIETZKY H. Fault reactivation and reservoir modification during hydraulic stimulation of naturally-fractured reservoirs [J]. Journal of Natural Gas Science and Engineering, 2016, 34:908-916.

[62]WASANTHA P L P, KONIETZKY H, WEBER F. Geometric nature of hydraulic fracture propagation in naturally-fractured reservoirs [J]. Computers and Geotechnics, 2017, 83:209-220.

[63]YAN C Z, ZHENG H, SUN G H, et al. Combined finite-discrete element method for simulation of hydraulic fracturing [J]. Rock Mechanics and Rock Engineering, 2016, 49(4):1389-1410.

[64]YAN C Z, ZHENG H. A two-dimensional coupled hydro-mechanical finite-discrete model considering porous media flow for simulating hydraulic fracturing [J]. International Journal of Rock Mechanics and Mining Sciences, 2016, 88:115-128.

[65]YAN C Z, ZHENG H. FDEM-flow3D: a 3D hydro-mechanical coupled model considering the pore seepage of rock matrix for simulating three-dimensional hydraulic fracturing [J].

Computers and Geotechnics, 2017, 81:212-228.

[66]LISJAK A, KAIFOSH P, HE L, et al. A 2D, fully-coupled, hydro-mechanical, FDEM formulation for modelling fracturing processes in discontinuous, porous rock masses [J]. Computers and Geotechnics, 2017, 81:1-18.

[67]CHEN W, KONIETZKY H, LIU C, et al. Hydraulic fracturing simulation for heterogeneous granite by discrete element method [J]. Computers and Geotechnics, 2018, 95:1-15.

[68]BOONE T J, INGRAFFEA A R. A numerical procedure for simulation of hydraulically-driven fracture propagation in poroelastic media[J]. International Journal for Numerical and Analytical Methods in Geomechanics, 1990, 14(1):27-47.

[69]BARENBLATT G I. The formation of equilibrium cracks during brittle fracture. General ideas and hypotheses. Axially-symmetric cracks [J]. Journal of Applied Mathematics and Mechanics, 1959, 23(3):622-636.

[70]BARENBLATT G I. The mathematical theory of equilibrium cracks in brittle fracture [J]. Advances in Applied Mechanics, 1962, 7: 55-129.

[71]CAMACHO G T, ORTIZ M. Computational modelling of impact damage in brittle materials [J]. International Journal of Solids and Structures, 1996, 33(20-22):2899-2938.

[72]XU X P, NEEDLEMAN A. Numerical simulations of fast crack growth in brittle solids [J]. Journal of the Mechanics and Physics of Solids, 1994, 42(9): 1397-1434.

[73]BOONE T J, WAWRZYNEK P A, NGRAFFEA A R. Simulation of the fracture process in rock with application to

hydrofracturing [J]. International Journal of Rock Mechanics and Mining Sciences & Geomechanics Abstracts, 1986, 23(3):255-265.

[74]PAPANASTASIOU P, THIERCELIN M. Influence of inelastic rock behaviour in hydraulic fracturing [J]. International Journal of Rock Mechanics and Mining Sciences & Geomechanics Abstracts, 1993, 30(7):1241-1247.

[75]PAPANASTASIOU P. The influence of plasticity in hydraulic fracturing [J]. International Journal of Fracture, 1997, 84(1):61-79.

[76]PAPANASTASIOU P. An efficient algorithm for propagating fluid-driven fractures [J]. Computational Mechanics, 1999, 24(4):258-267.

[77]SCHREFLER B A, SECCHI S, SIMONI L. On adaptive refinement techniques in multi-field problems including cohesive fracture [J]. Computer Methods in Applied Mechanics and Engineering, 2006, 195(4-6):444-461.

[78]SARRIS E, PAPANASTASIOU P. The influence of the cohesive process zone in hydraulic fracturing modelling [J]. International Journal of Fracture, 2011, 167(1):33-45.

[79]YAO Y. Linear elastic and cohesive fracture analysis to model hydraulic fracture in brittle and ductile rocks [J]. Rock Mechanics and Rock Engineering, 2012, 45(3):375-387.

[80]SHEN X P, CULLICK A S. Numerical modeling of fracture complexity with application to production stimulation [C]// SPE Hydraulic Fracturing Technology Conference, February 6-8, 2012, The Woodlands, Texas USA. Society of Petorleum Engineers, 2012.

[81]CARRIER B, GRANET S. Numerical modeling of hydraulic fracture problem in permeable medium using cohesive zone model [J]. Engineering Fracture Mechanics, 2012, 79:312-328.

[82]HUNSWECK M J, SHEN Y X, LEW A J. A finite element approach to the simulation of hydraulic fractures with lag [J]. International Journal for Numerical and Analytical Methods in Geomechanics, 2012, 37(9):993-1015.

[83]CHEN Z Y. Finite element modelling of viscosity-dominated hydraulic fractures [J]. Journal of Petroleum Science & Engineering, 2012, 88-89:136-144.

[84]WANG H, LIU H, WU H A, et al. A 3D nonlinear fluid-solid coupling model of hydraulic fracturing for multilayered reservoirs [J]. Petroleum Science and Technology, 2012, 30(21):2273-2283.

[85]SHIN D H, SHARMA M M. Factors controlling the simultaneous propagation of multiple competing fractures in a horizontal well[C]// Proceedings of the SPE Hydraulic Fracturing Technology Conference, Februry 4-6, 2014, The Woodlands, Texas, USA. Society of Petroleum Engineers, 2014.

[86]FU P C, JOHNSON S M, CARRIGAN C R. An explicitly coupled hydro-geomechanical model for simulating hydraulic fracturing in arbitrary discrete fracture networks [J]. International Journal for Numerical and Analytical Methods in Geomechanics, 2012, 37(14):2278-2300.

[87]GOU Y, ZHOU L, ZHAO X, et al. Numerical study on hydraulic fracturing in different types of georeservoirs with consideration of H^2M-coupled leak-off effects [J]. Environmental Earth Sciences, 2015, 73(10):6019-6034.

[88]LI Y, DENG J G, LIU W, et al. Modeling hydraulic fracture propagation using cohesive zone model equipped with frictional contact capability [J]. Computers and Geotechnics, 2017, 91:58-70.

[89]SALIMZADEH S, PALUSZNY A, ZIMMERMAN R W. Three-dimensional poroelastic effects during hydraulic fracturing in permeable rocks [J]. International Journal of Solids and Structures, 2017, 108:153-163.

[90]HADDAD M, SEPEHRNOORI K. Simulation of hydraulic fracturing in quasi-brittle shale formations using characterized cohesive layer: Stimulation controlling factors [J]. Journal of Unconventional Oil and Gas Resources, 2015, 9:65-83.

[91]GUO J C, LUO B, LU C, et al. Numerical investigation of hydraulic fracture propagation in a layered reservoir using the cohesive zone method [J]. Engineering Fracture Mechanics, 2017, 186:195-207.

[92]HADDAD M, SEPEHRNOORI K. Cohesive fracture analysis to model multiple-stage fracturing in quasibrittle shale formations[C]// Proceedings of the Simulia Community Conference, Proridence, RI, USA. 2014.

[93]SHIN D H, SHARMA M M. Factors controlling the simultaneous propagation of multiple competing fractures in a horizontal well [M]. Upper Saddle River:Pearson/Prentice Hall, 2014.

[94]SHAKIBA M, DE ARAUJO CAVALCANTE FILHO JS, SEPEHRNOORI K. Using embedded discrete fracture model (EDFM) in numerical simulation of complex hydraulic fracture networks calibrated by microseismic monitoring data [J]. Journal

of Natural Gas Science and Engineering, 2018, 55:495-507.

[95]TALEGHANI A D, GONZALEZ-CHAVEZ M, YU H, et al. Numerical simulation of hydraulic fracture propagation in naturally fractured formations using the cohesive zone model [J]. Journal of Petroleum Science & Engineering, 2018, 165:42-57.

[96]MOËS N, DOLBOW J, BELYTSCHKO T. A finite element method for crack growth without remeshing [J]. International Journal for Numerical Methods in Engineering, 1999, 46(1):131-150.

[97]BELYTSCHKO T, BLACK T. Elastic crack growth in finite elements with minimal remeshing [J]. International Journal for Numerical Methods in Engineering, 1999, 45(5):601-620.

[98]LECAMPION B. An extended finite element method for hydraulic fracture problems [J]. Communications in Numerical Methods in Engineering, 2009, 25(2):121-133.

[99]DAHI-TALEGHANI A, OLSON J E. Numerical modeling of multistranded-hydraulic-fracture propagation: accounting for the interaction between induced and natural fractures [J]. SPE Journal, 2011, 16(3):575-581.

[100]DAHI-TALEGHANI A, OLSON J E. How natural fractures could affect hydraulic-fracture geometry [J]. SPE Journal, 2013, 19(1):161-171.

[101]MOHAMMADNEJAD T, KHOEI A R. An extended finite element method for hydraulic fracture propagation in deformable porous media with the cohesive crack model [J]. Finite Elements in Analysis and Design, 2013, 73(15):77-95.

[102]MOHAMMADNEJAD T, KHOEI A R. Hydro-mechanical

modeling of cohesive crack propagation in multiphase porous media using extended finite element method [J]. International Journal for Numerical and Analytical Methods in Geomechanics, 2013, 37(10):1247-1279.

[103]GORDELIY E, PEIRCE A. Coupling schemes for modeling hydraulic fracture propagation using the XFEM [J]. Computer Methods in Applied Mechanics and Engineering, 2013, 253(1):305-322.

[104]KHOEI A R, HIRMAND M, VAHAB M, et al. An enriched FEM technique for modeling hydraulically driven cohesive fracture propagation in impermeable media with frictional natural faults: numerical and experimental investigations [J]. International Journal for Numerical Methods in Engineering, 2015, 104(6):439-468.

[105]KHOEI A R, VAHAB M, HIRMAND M. Modeling the interaction between fluid-driven fracture and natural fault using an enriched-FEM technique [J]. International Journal of Fracture, 2015, 197(1):1-24.

[106]KHOEI A R, HOSSEINI N, MOHAMMADNEJAD T. Numerical modeling of two-phase fluid flow in deformable fractured porous media using the extended finite element method and an equivalent continuum model [J]. Advances in Water Resources, 2016, 94:510-528.

[107]WANG H Y. Numerical modeling of non-planar hydraulic fracture propagation in brittle and ductile rocks using XFEM with cohesive zone method [J]. Journal of Petroleum Science and Engineering, 2015, 135:127-140.

[108]ZENG Q L, LIU Z L, WANG T, et al. Stability analysis

of the propagation of periodic parallel hydraulic fractures [J]. International Journal of Fracture, 2017, 208(1-2):191-201.

[109]ZENG Q L, LIU Z L, WANG T, et al. Fully coupled simulation of multiple hydraulic fractures to propagate simultaneously from a perforated horizontal wellbore [J]. Computational Mechanics, 2017, 61(1-2):137-155.

[110]ZENG Q-D, YAO J, SHAO J F. Study of hydraulic fracturing in an anisotropic poroelastic medium via a hybrid EDFM-XFEM approach [J]. Computers and Geotechnics, 2019, 105:51-68.

[111]GUPTA P, DUARTE C A. Simulation of non-planar three-dimensional hydraulic fracture propagation [J]. International Journal for Numerical and Analytical Methods in Geomechanics, 2014, 38(13):1397-1430.

[112]师访, 高峰, 李玺茹, 等. 模拟岩石压剪状态下主次裂纹萌生开裂的扩展有限元法 [J]. 岩土力学, 2014, 35(6):1809-1817.

[113]师访, 高峰, 杨玉贵. 正交各向异性岩体裂纹扩展的扩展有限元方法研究 [J]. 岩土力学, 2014, 35(4):1203-1210.

[114]SHI F, WANG X L, LIU C, et al. A coupled extended finite element approach for modeling hydraulic fracturing in consideration of proppant [J]. Journal of Natural Gas Science and Engineering, 2016, 33:885-897.

[115]SHI F, WANG X L, LIU C, et al. An XFEM-based method with reduction technique for modeling hydraulic fracture propagation in formations containing frictional natural fractures [J]. Engineering Fracture Mechanics, 2017, 173:64-90.

[116]SALIMZADEH S, KHALILI N. A three-phase XFEM model

for hydraulic fracturing with cohesive crack propagation [J].
Computers and Geotechnics, 2015, 69:82-92.

[117]LIU C, WANG X L, DENG D W, et al. Optimal spacing
of sequential and simultaneous fracturing in horizontal well
[J]. Journal of Natural Gas Science and Engineering, 2016,
29:329-336.

[118]WANG X L, LIU C, WANG H, et al. Comparison of
consecutive and alternate hydraulic fracturing in horizontal
wells using XFEM-based cohesive zone method [J]. Journal
of Petroleum Science and Engineering, 2016, 143:14-25.

[119]VAHAB M, KHALILI N. Numerical investigation of the
flow regimes through hydraulic fractures using the X-FEM
technique [J]. Engineering Fracture Mechanics, 2017,
169:146-162.

[120]VAHAB M, AKHONDZADEH S, KHOEI A R, et al. An
X-FEM investigation of hydro-fracture evolution in naturally-
layered domains [J]. Engineering Fracture Mechanics, 2018,
191:187-204.

[121]OLSON J E. Joint pattern development: effects of subcritical
crack growth and mechanical crack interaction [J]. Journal of
Geophysical Research: Solid Earth, 1993, 98(B7):12251-12265.

[122]RENSHAW C E, POLLARD D D. Numerical simulation of
fracture set formation: a fracture mechanics model consistent
with experimental observations [J]. Journal of Geophysical
Research: Solid Earth, 1994, 99(B5):9359-9372.

[123]OLSON J E. Multi-fracture propagation modeling:
Applications to hydraulic fracturing in shales and tight
gas sands [C]//The 42nd U.S. Rock Mechanics

Symposium (USRMS), San Francisco, California. American Rock Mechanics Association, 2008:8.

[124]OLSON J E. Predicting fracture swarms — the influence of subcritical crack growth and the crack-tip process zone on joint spacing in rock [J]. Geological Society, London, Special Publications, 2004, 231(1):73-88.

[125]WU K, OLSON J E. Numerical investigation of complex hydraulic fracture development in naturally fractured reservoirs [J]. International Journal of Health Geographics, 2015, 6(1):1-15.

[126]WU K, OLSON J E. Simultaneous multifracture treatments: fully coupled fluid flow and fracture mechanics for horizontal wells [J]. Society of Petroleum Engineers Journal, 2015, 20(2):337-346.

[127]ZHANG X, JEFFREY R G, THIERCELIN M. Deflection and propagation of fluid-driven fractures at frictional bedding interfaces: a numerical investigation [J]. Journal of Structural Geology, 2007, 29(3):396-410.

[128]ZHANG X, JEFFREY R G, THIERCELIN M. Mechanics of fluid-driven fracture growth in naturally fractured reservoirs with simple network geometries [J]. Journal of Geophysical Research:Solid Earth, 2009, 114(B12):1-16.

[129]ZHANG X, JEFFREY R G. Role of overpressurized fluid and fluid-driven fractures in forming fracture networks [J]. Journal of Geochemical Exploration, 2014, 144:194-207.

[130]ZHANG X, JEFFREY R G, WU B. Mechanics of edge crack growth under transient pressure and temperature conditions [J]. International Journal of Solids and Structures,

2015, 69:11-22.

[131]XIE L M, MIN K B, SHEN B. Displacement discontinuity method modelling of hydraulic fracturing with pre-existing fractures[C]//Proceedings of the 48th U. S. Rock Mechanics/Geomechanics Symposium, June 1-4, 2014 , Minneapolis, Minnesota. American Rock Mechanics Association, 2014.

[132]XIE L M, MIN K B, SHEN B. Simulation of hydraulic fracturing and its interactions with a pre-existing fracture using displacement discontinuity method [J]. Journal of Natural Gas Science and Engineering, 2016, 36:1284-1294.

[133]CHENG Y M. Mechanical interaction of multiple fractures—exploring impacts of the selection of the spacing/number of perforation clusters on horizontal shale-gas wells [J]. SPE Journal, 2012, 17(4):992-1001.

[134]MCCLURE M W, BABAZADEH M, SHIOZAWA S, et al. Fully coupled hydromechanical simulation of hydraulic fracturing in three-dimensional discrete fracture networks [C]// SPE Hydraulic Fracturing Technology Conference, February 3-5, 2015, The Woodlands, Texas, USA. Society of Petroleum Engineers, 2015:33.

[135]MCCLURE M W, HORNE R N. Discrete fracture network modeling of hydraulic stimulation [M]. Berlin: Springer, 2013.

[136]MCCLURE M W, BABAZADEH M, SHIOZAWA S, et al. Fully coupled hydromechanical simulation of hydraulic fracturing in 3D discrete-fracture networks [J]. SPE Journal, 2016, 21(4):1302-1320.

[137]MCCLURE M W, HORNE R N. An investigation of stimulation mechanisms in Enhanced Geothermal Systems [J].

International Journal of Rock Mechanics and Mining Sciences, 2014, 72:242-260.

[138]SESETTY V, GHASSEMI A. A numerical study of sequential and simultaneous hydraulic fracturing in single and multi-lateral horizontal wells [J]. Journal of Petroleum Science and Engineering, 2015, 132:65-76.

[139]LECAMPION B, DESROCHES J. Simultaneous initiation and growth of multiple radial hydraulic fractures from a horizontal wellbore [J]. Journal of the Mechanics and Physics of Solids, 2015, 82:235-258.

[140]ZENG Q D, YAO J. Numerical simulation of fracture network generation in naturally fractured reservoirs [J]. Journal of Natural Gas Science and Engineering, 2016, 30:430-443.

[141]TANG H Y, WANG S H, ZHANG R H, et al. Analysis of stress interference among multiple hydraulic fractures using a fully three-dimensional displacement discontinuity method [J]. Journal of Petroleum Science and Engineering, 2019, 179:378-393.

[142]TANG H Y, WINTERFELD P H, WU Y S, et al. Integrated simulation of multi-stage hydraulic fracturing in unconventional reservoirs [J]. Journal of Natural Gas Science and Engineering, 2016, 36:875-892.

[143]KRESSE O, WENG X W, GU H R, et al. Numerical modeling of hydraulic fractures interaction in complex naturally fractured formations [J]. Rock Mechanics and Rock Engineering, 2013, 46(3):555-568.

[144]KRESSE O, WENG X W. Numerical modeling of 3D

hydraulic fractures interaction in complex naturally fractured formations [J]. Rock Mechanics and Rock Engineering, 2018, 51(12):3863-3881.

[145]CHEN X Y, LI Y M, ZHAO J Z, et al. Numerical investigation for simultaneous growth of hydraulic fractures in multiple horizontal wells [J]. Journal of Natural Gas Science and Engineering, 2018, 51:44-52.

[146]VANDAMME L, CURRAN J H. A three-dimensional hydraulic fracturing simulator [J]. International Journal for Numerical Methods in Engineering, 1989, 28(4):909-927.

[147]YAMAMOTO K, SHIMAMOTO T, SUKEMURA S. Multiple fracture propagation model for a three-dimensional hydraulic fracturing simulator [J]. International Journal of Geomechanics, 2004, 4(1):46-57.

[148]RUNGAMORNRAT J, WHEELER M F, MEAR M E. A numerical technique for simulating nonplanar evolution of hydraulic fractures[C]//Proceedings of the SPE Annual Technical Conference and Exhibition, October 9-12, 2005, Dallay, Texas. Society of Petroleum Engineers, 2005.

[149]CASTONGUAY S T, MEAR M E, DEAN R H, et al. Predictions of the growth of multiple interacting hydraulic fractures in three dimensions[C]// Proceedings of the SPE Annual Technical Conference and Exhibition, September 30-October 2, 2013, New Orleans, Louisiana USA. Society of Petroleum Engineers, 2013.

[150]WARPINSKI N R, WOLHART S L, WRIGHT C A. Analysis and prediction of microseismicity induced by hydraulic fracturing [C]// SPE Annual Technical Conference

and Exhibition, New Orleans, Louisiana. Society of Petroleum Engineers, 2001:13.

[151] WARPINSKI N R. Integrating microseismic monitoring with well completions, reservoir behavior, and rock mechanics [C]// SPE Tight Gas Completions Conference, June 15-17, 2009, San Antonio, Texas, USA. Society of Petroleum Engineers, 2009:13.

[152] WARPINSKI N R, DU J, ZIMMER U. Measurements of hydraulic-fracture-induced seismicity in gas shales [C]// SPE Hydraulic Fracturing Technology Conference, The Woodlands, Texas, USA. Society of Petroleum Engineers, 2012:19.

[153] WARPINSKI N R. A review of hydraulic-fracture induced microseismicity [C]// 48th U.S. Rock Mechanics/ Geomechanics Symposium, June 1-4, 2014, Minneapolis, Minnesota. American Rock Mechanics Association, 2014:12.

[154] CIPOLLA C L, MACK M G, MAXWELL S C. Reducing exploration and appraisal risk in low permeability reservoirs using microseismic fracture mapping-part 2 [C]// SPE Latin American and Caribbean Petroleum Engineering Conference, December 1-3, 2010, Lima, Peru. Society of Petroleum Engineers, 2010:24.

[155] CIPOLLA C L, MACK M G, MAXWELL S C. Reducing exploration and appraisal risk in low-permeability reservoirs using microseismic fracture mapping [C]// Canadian Unconventional Resources and International Petroleum Conference, October 19-21, 2010, Calgary, Alberta, Canada. Society of Petroleum Engineers, 2010:14.

[156] CIPOLLA C L, WENG X, MACK M G, et al. Integrating

microseismic mapping and complex fracture modeling to characterize hydraulic fracture complexity [C]// SPE Hydraulic Fracturing Technology Conference, January 24-26, 2011, The Woodlands, Texas, USA. Society of Petroleum Engineers, 2011:22.

[157]CIPOLLA C L, MACK M G, MAXWELL S C, et al. A practical guide to interpreting microseismic measurements [C]// North American Unconventional Gas Conference and Exhibition, June 14-16, 2011, The Woodlands, Texas, USA. Society of Petroleum Engineers, 2011:28.

[158]MARINO M, LUTHIN J. Seepage and groundwater [M]. Amsterdam:Elsevier, 1982.

[159]龚迪光, 曲占庆, 李建雄, 等. 基于ABAQUS平台的水力裂缝扩展有限元模拟研究 [J]. 岩土力学, 2016, 37(5):1512-1520.

[160]LI J X, DONG S M, HUA W, et al. Numerical simulation on deflecting hydraulic fracture with refracturing using extended finite element method [J]. Energies, 2019, 12(11):2044.

[161]DE-POUPLANA I, OÑATE E. Finite element modelling of fracture propagation in saturated media using quasi-zero-thickness interface elements [J]. Computers and Geotechnics, 2018, 96:103-117.

[162]PEIRCE A, DETOURNAY E. An implicit level set method for modeling hydraulically driven fractures [J]. Computer Methods in Applied Mechanics and Engineering, 2008, 197(33-40):2858-2885.

[163]WANG H Y. Numerical investigation of fracture spacing and sequencing effects on multiple hydraulic fracture interference

233

and coalescence in brittle and ductile reservoir rocks [J]. Engineering Fracture Mechanics, 2016, 157:107-124.

[164]FENG Y C, GRAY K E. Parameters controlling pressure and fracture behaviors in field injectivity tests: a numerical investigation using coupled flow and geomechanics model [J]. Computers and Geotechnics, 2017, 87:49-61.

[165]BENZEGGAGH M L, KENANE M. Measurement of mixed-mode delamination fracture toughness of unidirectional glass/epoxy composites with mixed-mode bending apparatus [J]. Composites Science and Technology, 1996, 56(4):439-449.

[166]ZHANG G M, LIU H, ZHANG J, et al. Three-dimensional finite element simulation and parametric study for horizontal well hydraulic fracture [J]. Journal of Petroleum Science and Engineering, 2010, 72(3-4):310-317.

[167]BATCHELOR G K. An introduction to fluid dynamics [M]. Cambridge: Cambridge University Press 2000.

[168]ROUSSEL N P, FLOREZ H A, RODRIGUEZ A A. Hydraulic fracture propagation from infill horizontal wells[C]// Proceedings of the SPE Annual Technical Conference and Exhibition, September 30-October 2, 2013, New OHeans, Louisiana, USA. Society of Petroleum Engineers, 2013.

[169]SAFARI R, LEWIS R, MA X D, et al. Infill-well fracturing optimization in tightly spaced horizontal wells [J]. SPE Journal, 2017, 22(2):582-595.

[170]SANGNIMNUAN A, LI J W, WU K. Development of efficiently coupled fluid-flow/geomechanics model to predict stress evolution in unconventional reservoirs with complex-

fracture geometry [J]. SPE Journal, 2018, 23(3):640-660.

[171]KUMAR D, GHASSEMI A. 3D geomechanical analysis of refracturing of horizontal wells[C]// Proceedings of the SPE/AAPG/SEG Unconventional Resources Technology Conference, July 24-26, 2017, Austin, Texas, USA. Uncoventional Resources Technology Conference, 2017.

[172]ZHU H Y, SONG Y J, LEI Z D, et al. 4D-stress evolution of tight sandstone reservoir during horizontal wells injection and production: a case study of Yuan 284 block, Ordos Basin, NW China [J]. Petroleum Exploration and Development, 2022, 49(1):156-169.

[173]GUO J C, TAO L, ZENG F H. Optimization of refracturing timing for horizontal wells in tight oil reservoirs: a case study of Cretaceous Qingshankou Formation, Songliao Basin, NE China [J]. Petroleum Exploration and Development, 2019, 46(1):153-162.

[174]HUANG L K, LIU J J, ZHANG F S, et al. 3D lattice modeling of hydraulic fracture initiation and near-wellbore propagation for different perforation models [J]. Journal of Petroleum Science and Engineering, 2020, 191:107169.

[175]REZAEI A, BORNIA G, RAFIEE M, et al. Analysis of refracturing in horizontal wells: insights from the poroelastic displacement discontinuity method [J]. International Journal for Numerical and Analytical Methods in Geomechanics, 2018, 42(11):1306-1327.

[176]LI J X, DONG S M, HUA W, et al. Numerical simulation of temporarily plugging staged fracturing (TPSF) based on cohesive zone method [J]. Computers and Geotechnics,

2020, 121:103453.

[177]ZOU Y S, MA X F, ZHANG S C. Numerical modeling of fracture propagation during temporary-plugging fracturing [J]. SPE Journal, 2020, 25(3):1503-1522.

[178]SHAH M, AGARWAL J R, PATEL D, et al. An assessment of chemical particulate technology as diverters for refracturing treatment [J]. Journal of Natural Gas Science and Engineering, 2020, 84:103640.

[179]WANG T, CHEN M, WU J, et al. Making complex fractures by re-fracturing with different plugging types in large stress difference reservoirs [J]. Journal of Petroleum Science and Engineering, 2021, 201:108413.

[180]WANG B, ZHOU F J, YANG C, et al. A novel experimental method to investigate the plugging characteristics of diversion agents within hydro-fracture [J]. Journal of Petroleum Science and Engineering, 2019, 183:106354.

[181]WANG B, ZHOU F J, ZOU Y S, et al. Effects of previously created fracture on the initiation and growth of subsequent fracture during TPMSF [J]. Engineering Fracture Mechanics, 2018, 200:312-326.

[182]WANG B, ZHOU F J, ZHOU H, et al. Characteristics of the fracture geometry and the injection pressure response during near-wellbore diverting fracturing [J]. Energy Reports, 2021, 7:491-501.

[183]曲占庆, 田雨, 李建雄, 等. 水平井多段分簇压裂裂缝扩展形态数值模拟 [J]. 中国石油大学学报 (自然科学版), 2017, 41(1):102-109.

[184]WANG D, ZHOU F J, GE H, et al. An experimental study on the mechanism of degradable fiber-assisted diverting

fracturing and its influencing factors [J]. Journal of Natural Gas Science and Engineering, 2015, 27:260-273.

[185]WANG B, ZHOU F J, WANG D, et al. Numerical simulation on near-wellbore temporary plugging and diverting during refracturing using XFEM-Based CZM [J]. Journal of Natural Gas Science and Engineering, 2018, 55:368-381.

[186]YIN J C, XIE J, DATTA-GUPTA A, et al. Improved characterization and performance prediction of shale gas wells by integrating stimulated reservoir volume and dynamic production data [J]. Journal of Petroleum Science and Engineering, 2015, 127:124-136.

[187]ZHAO J Z, CHEN X Y, LI Y M, et al. Simulation of simultaneous propagation of multiple hydraulic fractures in horizontal wells [J]. Journal of Petroleum Science and Engineering, 2016, 147:788-800.

[188]GUO T K, ZHANG S C, ZOU Y S, et al. Numerical simulation of hydraulic fracture propagation in shale gas reservoir [J]. Journal of Natural Gas Science and Engineering, 2015, 26:847-856.

[189]ZHANG X, JEFFREY R G, BUNGER A P, et al. Initiation and growth of a hydraulic fracture from a circular wellbore [J]. International Journal of Rock Mechanics and Mining Sciences, 2011, 48(6):984-995.

[190]SALIMZADEH S, USUI T, PALUSZNY A, et al. Finite element simulations of interactions between multiple hydraulic fractures in a poroelastic rock [J]. International Journal of Rock Mechanics and Mining Sciences, 2017, 99:9-20.

[191]WU K, OLSON J, BALHOFF M T, et al. Numerical

analysis for promoting uniform development of simultaneous multiple-fracture propagation in horizontal wells [J]. SPE Production & Operations, 2016, 32(1):41-50.

[192]XU G S, WONG S-W. Interaction of multiple non-planar hydraulic fractures in horizontal wells[C]// Proceedings of the International Petroleum Technology Conference, March 26-28, 2013, Beijing, China. International Petroleum Technology Conference, 2013.

[193]ZHAO J Z, CHEN X Y, LI Y M, et al. Numerical simulation of multi-stage fracturing and optimization of perforation in a horizontal well [J]. Petroleum Exploration and Development, 2017, 44(1):119-126.

[194]ADVANI S H, LEE T S, LEE J K. Three dimensional modeling of hydraulic fractures in layered media: part I — finite element formulations [J]. Journal of Energy Resources Technology, 1990, 112(1):1-9.

[195]BARREE R D. A practical numerical simulator for three-dimensional fracture propagation in heterogeneous media[C]// Proceedings of the SPE Reservoir Simulation Symposium, November 15-18, 1983, San Francisco, California. Society of Petroleum Engineers of AIME, 1983.

[196]CARTER B J, DESROCHES J, INGRAFFEA A R, et al. Simulating Fully 3D Hydraulic Fracturing [J]. Modeling in Geomechanics 2000, 200:525-557.

[197]DONTSOV E V, PEIRCE A P. A multiscale implicit level set algorithm (ILSA) to model hydraulic fracture propagation incorporating combined viscous, toughness, and leak-off asymptotics [J]. Computer Methods in Applied Mechanics

and Engineering, 2017, 313:53-84.

[198]HADDAD M, SEPEHRNOORI K. XFEM-based CZM for the simulation of 3D multiple-cluster hydraulic fracturing in quasi-brittle shale formations [J]. Rock Mechanics and Rock Engineering, 2016, 49(12):4731-4748.

[199]KUMAR D, GHASSEMI A. Three-dimensional poroelastic Modeling of multiple hydraulic fracture propagation from horizontal wells [J]. International Journal of Rock Mechanics and Mining Sciences, 2018, 105:192-209.

[200]LI Y, LIU W, DENG J G, et al. A 2D explicit numerical scheme-based pore pressure cohesive zone model for simulating hydraulic fracture propagation in naturally fractured formation [J]. Energy Science & Engineering, 2019, 7(5):1527-1543.

[201]YANG Y N, REN X Y, ZHOU L, et al. Numerical study on competitive propagation of multi-perforation fractures considering full hydro-mechanical coupling in fracture-pore dual systems [J]. Journal of Petroleum Science and Engineering, 2020, 191:107109.

[202]LIU X Q, RASOULI V, GUO T K, et al. Numerical simulation of stress shadow in multiple cluster hydraulic fracturing in horizontal wells based on lattice modelling [J]. Engineering Fracture Mechanics, 2020, 238:107278.

[203]DUAN K, KWOK C Y, ZHANG Q Y, et al. On the initiation, propagation and reorientation of simultaneously-induced multiple hydraulic fractures [J]. Computers and Geotechnics, 2020, 117:103226.

[204]LIAO S Z, HU J H, ZHANG Y. Investigation on the

influence of multiple fracture interference on hydraulic fracture propagation in tight reservoirs [J]. Journal of Petroleum Science and Engineering, 2022, 211:110160.

[205]BLANTON T L. Propagation of hydraulically and dynamically induced fractures in naturally fractured reservoirs [R]. SPE Unconventional Gas Technology Symposium, 1986.

[206]ZHOU J, CHEN M, JIN Y, et al. Analysis of fracture propagation behavior and fracture geometry using a tri-axial fracturing system in naturally fractured reservoirs [J]. International Journal of Rock Mechanics and Mining Sciences, 2008:1143-1152.

[207]GU H, WENG X, LUND J B, et al. Hydraulic fracture crossing natural fracture at non-orthogonal angles, a criterion, its validation and applications [J]. Spe Production & Operations, 2011, 27(1):20-26.

[208]GUO J C, ZHAO X, ZHU H Y, et al. Numerical simulation of interaction of hydraulic fracture and natural fracture based on the cohesive zone finite element method [J]. Journal of Natural Gas Science and Engineering, 2015, 25:180-188.

[209]PANDEY S N, CHAUDHURI A. The effect of heterogeneity on heat extraction and transmissivity evolution in a carbonate reservoir: a thermo-hydro-chemical study [J]. Geothermics, 2017, 69:45-54.

[210]HUANG W B, CAO W J, JIANG F M. Heat extraction performance of EGS with heterogeneous reservoir: a numerical evaluation [J]. International Journal of Heat and Mass Transfer, 2017, 108:645-657.

[211]ZHOU X P, WANG Y T. Numerical simulation of crack propagation and coalescence in pre-cracked rock-like Brazilian disks using the non-ordinary state-based peridynamics [J]. International Journal of Rock Mechanics and Mining Sciences, 2016, 89:235-249.

[212]WU B S, ZHANG X, JEFFREY R G, et al. A simplified model for heat extraction by circulating fluid through a closed-loop multiple-fracture enhanced geothermal system [J]. Applied Energy, 2016, 183:1664-1681.

[213]LI T Y, SHIOZAWA S, MCCLURE M W. Thermal breakthrough calculations to optimize design of a multiple-stage Enhanced Geothermal System [J]. Geothermics, 2016, 64:455-465.

[214]MANCHANDA R, ROUSSEL N P, SHARMA M M. Factors influencing fracture trajectories and fracturing pressure data in a horizontal completion [C]// 46th U. S. Rock Mechanics/Geomechanics Symposium, June 24-27, 2012, Chicago, Dlinois. American Rock Mechanics Association, 2012.

[215]BUNGER A P, ZHANG X, JEFFREY R G. Parameters effecting the interaction among closely spaced hydraulic fractures [C]// SPE Hydraulic Fracturing Technology Conference, January 24-26, The Woodlands, Texas, USA. Society of Petroleum Engineers, 2011.

[216]BOZEMAN T, DEGNER D L. Cemented ball-activated sliding sleeves improve well economics and efficiency [C]// SPE Annual Technical Conference and Exhibition, October 4-7, 2009, New Orleans, Louisiana. Society of Petroleum Engineers, 2009:10.

[217]KHAN R S, KHALID A, AHMED T, et al. Evolution of coiled tubing electric line plug and perf technology for multistage hydraulic fracturing in pakistan [C]// SPE/PAPG Pakistan section Annual Technical Conference, November 24-25, 2015, Islamabad, Pakistan. Society of Petroleum Engineers, 2015:6.

[218]LI Y W, YANG S, ZHAO W C, et al. Experimental of hydraulic fracture propagation using fixed-point multistage fracturing in a vertical well in tight sandstone reservoir [J]. Journal of Petroleum Science and Engineering, 2018, 171: 704-713.

[219]ZHANG F S, DAMJANAC B, MAXWELL S. Investigating hydraulic fracturing complexity in naturally fractured rock masses using fully coupled multiscale numerical modeling [J]. Rock Mechanics and Rock Engineering, 2019, 52:5137-5160.

[220]WANG B, ZHOU F J, ZOU Y S, et al. Quantitative investigation of fracture interaction by evaluating fracture curvature during temporarily plugging staged fracturing [J]. Journal of Petroleum Science and Engineering, 2019, 172:559-571.

[221]BUNGER A P, CARDELLA D J. Spatial distribution of production in a Marcellus Shale well: Evidence for hydraulic fracture stress interaction [J]. Journal of Petroleum Science and Engineering, 2015, 133: 162-166.

[222]HOANG H N, MAHADEVAN J, LOPEZ H. Injection profiling during limited-entry fracturing using distributed-temperature-sensor data [J]. SPE Journal, 2012, 17(3):752-767.

[223]SOOKPRASONG P A, HURT R S, GILL C C, et al. Fiber optic DAS and DTS in multicluster, multistage horizontal well fracturing: interpreting hydraulic fracture initiation and propagation through diagnostics [C]// SPE Annual Technical Conference and Exhibition, October 27-29, 2014, Amsterdam, The Netherlands. Society of Petroleum Engineers, 2014:15.

[224]赵瑜, 何鹏飞. 基于PPCZ模型的KGD水力压裂数值模拟 [J]. 煤炭学报, 2018, 43(10):2866-2875.